海上絲綢之路基本文獻叢書

幾何原本（二）

〔意〕利瑪竇 口譯／〔明〕徐光啓 筆受

文物出版社

圖書在版編目（CIP）數據

幾何原本．二 /（意）利瑪竇口譯 ；（明）徐光啓筆受．-- 北京 ：文物出版社，2023.3
（海上絲綢之路基本文獻叢書）
ISBN 978-7-5010-7931-5

Ⅰ．①幾… Ⅱ．①利… ②徐… Ⅲ．①歐氏幾何 Ⅳ．①O181

中國國家版本館 CIP 數據核字（2023）第 026244 號

海上絲綢之路基本文獻叢書

幾何原本（二）

譯　　者：〔意〕利瑪竇
策　　劃：盛世博閱（北京）文化有限責任公司

封面設計：鞏榮彪
責任編輯：劉永海
責任印製：王　芳

出版發行：文物出版社
社　　址：北京市東城區東直門内北小街 2 號樓
郵　　編：100007
網　　址：http://www.wenwu.com
經　　銷：新華書店
印　　刷：河北賽文印刷有限公司
開　　本：787mm×1092mm　1/16
印　　張：16.25
版　　次：2023 年 3 月第 1 版
印　　次：2023 年 3 月第 1 次印刷
書　　號：ISBN 978-7-5010-7931-5
定　　價：98.00 圓

總緒

海上絲綢之路，一般意義上是指從秦漢至鴉片戰争前中國與世界進行政治、經濟、文化交流的海上通道，主要分爲經由黄海、東海的海路最終抵達日本列島及朝鮮半島的東海航綫和以徐聞、合浦、廣州、泉州爲起點通往東南亞及印度洋地區的南海航綫。

在中國古代文獻中，最早、最詳細記載『海上絲綢之路』航綫的是東漢班固的《漢書·地理志》，詳細記載了西漢黄門譯長率領應募者入海『齎黄金雜繒而往』之事，書中所出現的地理記載與東南亞地區相關，并與實際的地理狀况基本相符。

東漢後，中國進入魏晋南北朝長達三百多年的分裂割據時期，絲路上的交往也走向低谷。這一時期的絲路交往，以法顯的西行最爲著名。法顯作爲從陸路西行到印度，再由海路回國的第一人，根據親身經歷所寫的《佛國記》（又稱《法顯傳》）一書，詳細介紹了古代中亞和印度、巴基斯坦、斯里蘭卡等地的歷史及風土人情，是瞭解和研究海陸絲綢之路的珍貴歷史資料。

隨着隋唐的統一，中國經濟重心的南移，中國與西方交通以海路爲主，海上絲綢之路進入大發展時期。廣州成爲唐朝最大的海外貿易中心，朝廷設立市舶司，專門管理海外貿易。唐代著名的地理學家賈耽（七三〇～八〇五年）的《皇華四達記》記載了從廣州通往阿拉伯地區的海上交通『廣州通海夷道』，詳述了從廣州港出發，經越南、馬來半島、蘇門答臘島至印度、錫蘭，直至波斯灣沿岸各國的航綫及沿途地區的方位、名稱、島礁、山川、民俗等。譯經大師義净西行求法，將沿途見聞寫成著作《大唐西域求法高僧傳》，詳細記載了海上絲綢之路的發展變化，是我們瞭解絲綢之路不可多得的第一手資料。

宋代的造船技術和航海技術顯著提高，指南針廣泛應用於航海，中國商船的遠航能力大大提升。北宋徐兢的《宣和奉使高麗圖經》詳細記述了船舶製造、海洋地理和往來航綫，是研究宋代海外交通史、中朝友好關係史、中朝經濟文化交流史的重要文獻。南宋趙汝适《諸蕃志》記載，南海有五十三個國家和地區與南宋通商貿易，形成了通往日本、高麗、東南亞、印度、波斯、阿拉伯等地的『海上絲綢之路』。宋代爲了加强商貿往來，於北宋神宗元豐三年（一〇八〇年）頒布了中國歷史上第一部海洋貿易管理條例《廣州市舶條法》，并稱爲宋代貿易管理的制度範本。

元朝在經濟上採用重商主義政策，鼓勵海外貿易，中國與世界的聯繫與交往非常頻繁，其中馬可·波羅、伊本·白圖泰等旅行家來到中國，留下了大量的旅行記，記録元代海上絲綢之路的盛況。元代的汪大淵兩次出海，撰寫出《島夷志略》一書，記録了二百多個國名和地名，其中不少首次見於中國著録，涉及的地理範圍東至菲律賓群島，西至非洲。這些都反映了元朝時中西經濟文化交流的豐富内容。

明、清政府先後多次實施海禁政策，海上絲綢之路的貿易逐漸衰落。但是從明永樂三年至明宣德八年的二十八年裏，鄭和率船隊七下西洋，先後到達的國家多達三十多個，在進行經貿交流的同時，也極大地促進了中外文化的交流，這些都詳見於《西洋蕃國志》《星槎勝覽》《瀛涯勝覽》等典籍中。

關於海上絲綢之路的文獻記述，除上述官員、學者、求法或傳教高僧以及旅行者的著作外，自《漢書》之後，歷代正史大都列有《地理志》《四夷傳》《西域傳》《外國傳》《蠻夷傳》《屬國傳》等篇章，加上唐宋以來衆多的典制類文獻、地方史志文獻，集中反映了歷代王朝對於周邊部族、政權以及西方世界的認識，都是關於海上絲綢之路的原始史料性文獻。

海上絲綢之路概念的形成，經歷了一個演變的過程。十九世紀七十年代德國地理學家費迪南·馮·李希霍芬（Ferdinad Von Richthofen，一八三三～一九〇五），在其《中國：親身旅行和研究成果》第三卷中首次把輸出中國絲綢的東西陸路稱爲『絲綢之路』。有『歐洲漢學泰斗』之稱的法國漢學家沙畹（Édouard Chavannes，一八六五～一九一八），在其一九〇三年著作的《西突厥史料》中提出『絲路有海陸兩道』，蘊涵了海上絲綢之路最初提法。迄今發現最早正式提出『海上絲綢之路』一詞的是日本考古學家三杉隆敏，他在一九六七年出版《中國瓷器之旅：探索海上的絲綢之路》中首次使用『海上絲綢之路』一詞；一九七九年三杉隆敏又出版了《海上絲綢之路》一書，其立意和出發點局限在東西方之間的陶瓷貿易與交流史。

二十世紀八十年代以來，在海外交通史研究中，『海上絲綢之路』一詞逐漸成爲中外學術界廣泛接受的概念。根據姚楠等人研究，饒宗頤先生是中國學者中最早提出『海上絲綢之路』的人，他的《海道之絲路與昆侖舶》正式提出『海上絲路』的稱謂。選堂先生評價海上絲綢之路是外交、貿易和文化交流作用的通道。此後，學者馮蔚然在一九七八年編寫的《航運史話》中，也使用了『海上絲綢之路』一詞，此書更多地限於航海活動領域的考察。一九八〇年北京大學陳炎教授提出『海上絲綢之路』研究，并於一九八一年發表《略論海上絲綢之路》一文。他對海上絲綢之路的理解超越以往，且帶有濃厚的愛國主義思想。陳炎教授之後，從事研究海上絲綢之路的學者越來越多，尤其沿海港口城市向聯合國申請海上絲綢之路非物質文化遺産活動，將海上絲綢之路研究推向新高潮。另外，國家把建設『絲綢之路經濟帶』和『二十一世紀海上絲綢之路』作爲對外發展方針，將這一學術課題提升爲國家願景的高度，使海上絲綢之路形成超越學術進入政經層面的熱潮。

與海上絲綢之路學的萬千氣象相對應，海上絲綢之路文獻的整理工作仍顯滯後，遠遠跟不上突飛猛進的研究進展。二〇一八年厦門大學、中山大學等單位聯合發起『海上絲綢之路文獻集成』專案，尚在醖釀當中。我們不揣淺陋，深入調查，廣泛搜集，將有關海上絲綢之路的原始史料文獻和研究文獻，分爲風俗物産、雜史筆記、海防海事、典章檔案等六個類别，彙編成《海上絲綢之路歷史文化叢書》，於二〇二〇年影印出版。此輯面市以來，深受各大圖書館及相關研究者好評。爲讓更多的讀者親近古籍文獻，我們遴選出前編中的菁華，彙編成《海上絲綢之路基本文獻叢書》，以單行本影印出版，以饗讀者，以期爲讀者展現出一幅幅中外經濟文化交流的精美畫卷，爲海上絲綢之路的研究提供歷史借鑒，爲『二十一世紀海上絲綢之路』倡議構想的實踐做好歷史的詮釋和注脚，從而達到『以史爲鑒』『古爲今用』的目的。

凡例

一、本編注重史料的珍稀性，從《海上絲綢之路歷史文化叢書》中遴選出菁華，擬出版數百册單行本。

二、本編所選之文獻，其編纂的年代下限至一九四九年。

三、本編排序無嚴格定式，所選之文獻篇幅以二百餘頁爲宜，以便讀者閱讀使用。

四、本編所選文獻，每種前皆注明版本、著者。

五、本編文獻皆爲影印，原始文本掃描之後經過修復處理，仍存原式，少數文獻由於原始底本欠佳，略有模糊之處，不影響閱讀使用。

六、本編原始底本非一時一地之出版物，原書裝幀、開本多有不同，本書彙編之後，統一爲十六開右翻本。

目録

幾何原本（二）

幾何原本（二）

卷三至卷五

〔意〕利瑪竇 口譯 〔明〕徐光啓 筆受

明萬曆三十九年增訂本

幾何原本第三卷之首

泰西利瑪竇口譯
吳淞徐光啓筆受

界說十則

第一界

凡圜之徑線等。或從心至圜界線等。爲等圜

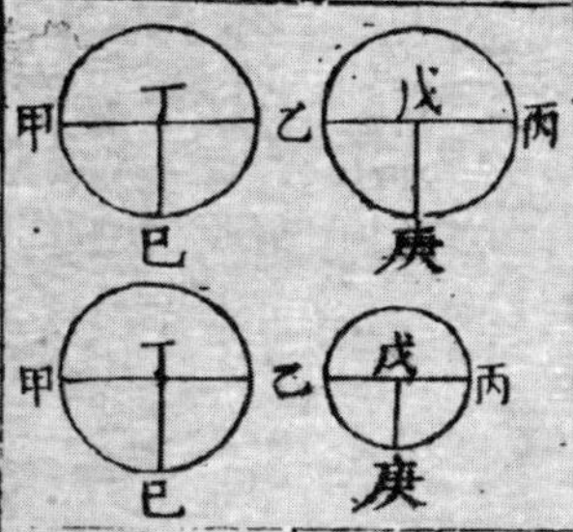

三卷將論圜之情故先爲圜界說此解圜之等者。如上圖甲乙、乙丙、兩徑等。或丁巳戊庚、從心至圜界等。卽甲巳乙、乙庚丙、兩圜等。若下圖甲乙、乙丙、兩徑不等。或丁巳

戊庚從心至圜界不等則兩圜亦不等矣

第二界

凡直線切圜界過之而不與界交爲切線

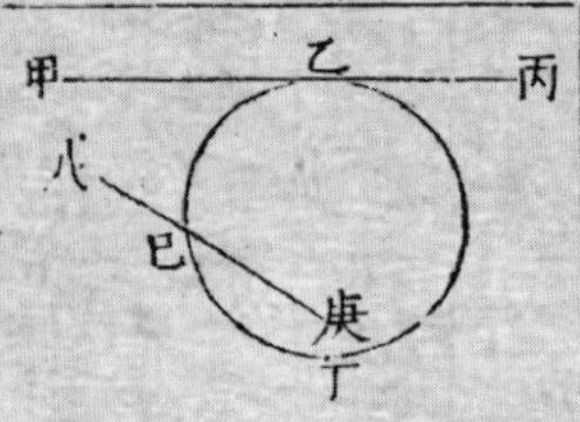

甲乙線切乙巳丁圜之界乙又引長之至丙而不與界交其甲丙線全在圜外爲切線若戊巳線先切圜界而引之至庚入圜內則交線也

第三界

凡兩圜相切而不相交爲切圜

甲乙兩圜不相交而相切于丙或切于外如第一圖或

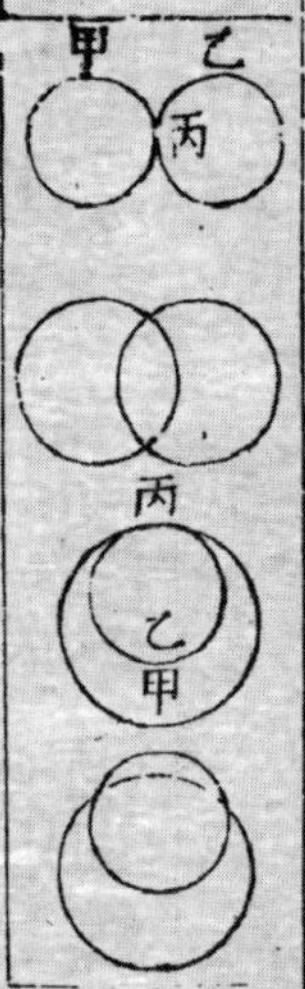

切于內如第三圖其第二第四圖則交圜也

第四界

凡圜內直線從心下垂線其垂線大小之度卽直線距心遠近之度

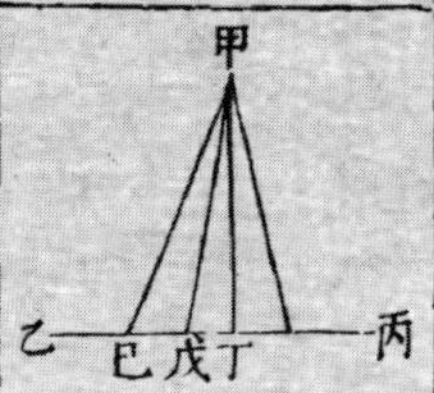

凡一點至一直線上惟垂線至近其他卽遠垂線一而已遠者無數也故欲知點與線相去遠近必用垂線爲度試如前圖甲點與乙丙線相去遠近必以甲丁垂線爲度爲甲丁一線獨去直線至近他若甲戊甲己諸線愈大愈遠乃至無數故

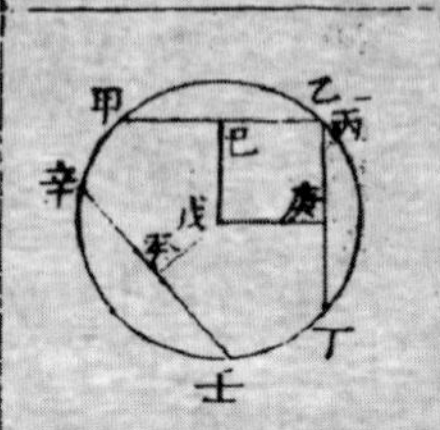

如後圖說甲乙丙丁圜內之甲乙丙丁兩線其去戊心遠近等爲己戊庚戊兩垂線等故若辛壬線去戊心近矣爲戊癸垂線小故

第五界

凡直線割圜之形爲圜分

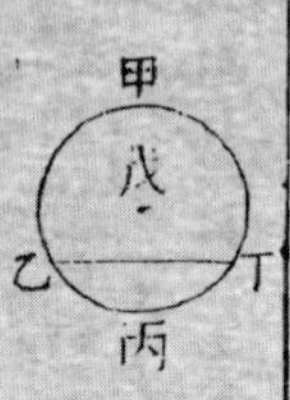

甲乙丙丁圜之乙丁直線任割圜之一分如甲乙丁及乙丙丁兩形皆爲圜分凡分有三形其過心者爲半圜分函心者爲圜大分不函心者爲圜小分又割圜之直線爲弦所割圜界之一分爲弧

第六界

凡圜界偕直線內角爲圜分角

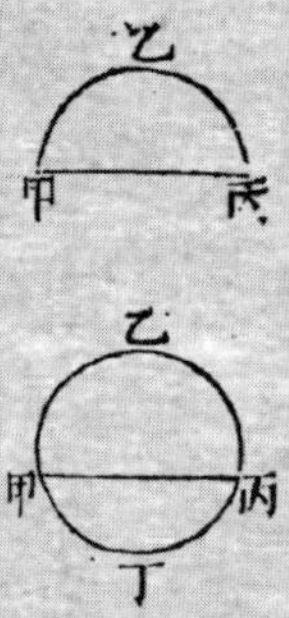

以下三界論圜角三種本界所言雜圜也其在半圜分內爲半圜角在大分內爲大分角在小分內爲小分角

第七界

凡圜界任于一點出兩直線作一角爲負圜分角

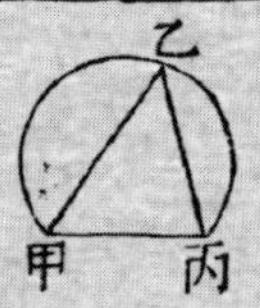

甲乙丙圜分甲丙爲底于乙點出兩直線作甲乙丙角形其甲乙丙角爲負甲乙丙圜分角

第八界

若兩直線之角乘圜之一分爲乘圜分角

甲乙丙丁圜內于甲點出甲乙、甲丁、兩線其乙甲丁角爲乘乙丙丁圜分角

圜角三種之外又有一種爲切邊角或直線切圜或兩圜相切其兩圜相切者又或內、或外如上圖甲乙線切丙丁戊圜于丙即甲丙丁、乙丙戊兩角爲切邊角又丙丁戊、巳戊庚兩圜外相切于戊及巳戊庚、巳辛壬兩圜內相切于巳即丙戊巳、戊巳辛、壬巳庚三角俱爲切邊角

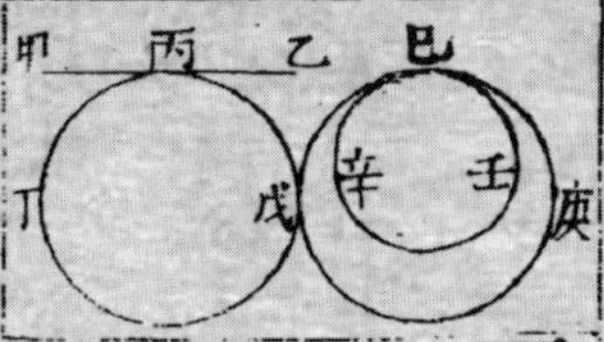

第九界

凡從圜心以兩直線作角偕圜界作三角形爲分圜形

甲乙丙丁圜。從戊心出戊甲、戊丙、兩線、偕甲丁丙圜界、作角形。爲分圜形

第十界

凡圜內、兩負圜分角、相等。卽所負之圜分相似

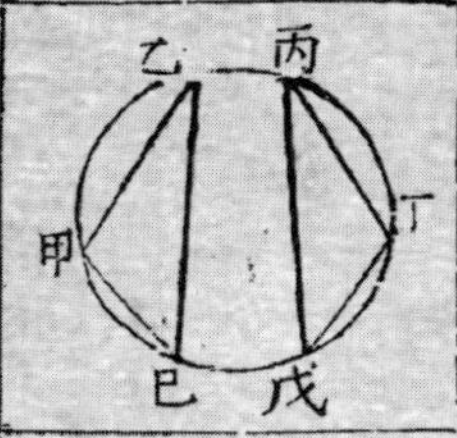

甲乙丙丁圜內。有甲乙巳、與丁丙戊、兩負圜分角等。則所負甲乙丁巳、與丁丙甲戊、兩圜分相似

又有兩圜或等、或不等。其負圜分角等。卽圜分俱相似。如上三圖、三圜之甲乙丙、丁戊巳、庚辛

壬、三負圜分角等。即所負甲乙丙、丁戊己、庚辛壬、三

圜分相似相似者。如云同爲幾分圜之幾也

幾何原本第三卷之首終

幾何原本第三卷　本篇論圜　計三十七題

泰西利瑪竇口譯

吳淞徐光啓筆受

第一題

有圜。求尋其心。

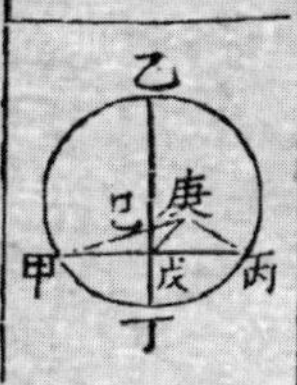

法曰：甲乙丙丁圜，求尋其心。先于圜之兩界任作一甲丙直線。次兩平分之于戊（一卷十）。次于戊上作乙丁垂線。兩平分之于己。即己為圜心。

論曰：如云不然。令言心何在。彼不得言在己之上下。何者。乙丁線既平分于己。離平分不能為心。故必言心在

乙丁線外。爲庚。卽令自庚至丙。至戊。至甲。各作直線。則甲庚戊角形之甲戊旣與丙庚戊角形之丙戊兩邊等。戊庚同邊。而庚甲、庚丙、兩線俱、從心至界。宜亦等。卽對等邊之庚戊甲、庚戊丙、兩角。宜亦等（一卷八）而爲兩直角矣（一卷界說十）夫乙戊甲、旣直角。而庚戊甲、又爲直角。可不可也

系因此推顯圜內有直線。分他線爲兩平分、而作直角卽圜心在其內

第二題

圜界任取二點。以直線相聯。則直線全在圜內

解曰。甲乙丙圜界上。任取甲、丙、二點。作直線相聯。題言甲丙線。全在圜內

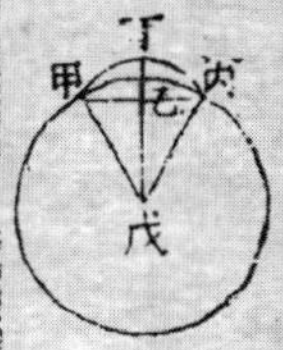

論曰。如云在外。若甲丁丙線。令尋取甲乙丙圜之戊心（本篇一）次作戊甲、戊丙、兩直線。次于甲丁丙線上作戊乙丁線。而與圜界遇于乙。卽戊甲丁丙。當爲三角形。以甲丁丙爲底。戊甲戊丙兩腰等。其戊甲丙戊丙甲兩角宜等。（一卷五）而戊丁甲爲戊丙丁之外角。宜大于戊丙丁角。卽亦宜大于戊甲丁角。（一卷十六）則對戊丁甲大角之戊甲線宜大于戊丁線矣。（一卷十九）夫戊甲與戊乙。本同圜之半徑等。據如所論。則戊乙亦大于戊丁乎。不可通也。若云不

在圜外、而在圜界。依前論、令戊甲大于戊乙。亦不可通也

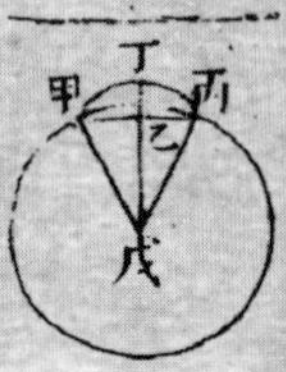

第三題

直線過圜心、分他直線爲兩平分。其分處必爲兩直角。爲兩直角、必兩平分

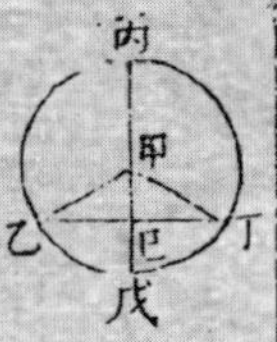

解曰、乙丙丁圜、有丙戊線、過甲心、分乙丁線爲兩平分于巳。題言甲巳必是垂線、而巳旁爲兩直角。又言巳旁既爲兩直角、則甲巳分乙丁、必兩平分

先論曰、試從甲作甲乙、甲丁兩線、即甲乙巳角形之乙

巳與甲丁巳角形之丁巳兩邊等甲巳同邊甲乙甲丁兩線俱從心至界又等即兩形等則其對等邊之甲巳乙甲巳丁亦等一卷八而為兩直角矣

後論曰如前作甲乙甲丁兩線甲乙丁角形之甲乙丙丁兩邊既等則甲乙丁甲丁乙兩角亦等一卷五又甲乙巳角形之甲巳乙甲乙巳兩角與甲丁巳角形之甲巳丁甲丁巳兩角各等而對直角之甲乙甲丁兩邊又等則巳乙巳丁兩邊亦等一卷廿六

欲顯次論之旨又有一說如甲丁上直角方形與甲巳巳丁上兩直角方形并等一卷四七而甲乙上直角方形與

甲巳乙巳上兩直角方形幷亦等。卽甲巳巳乙上兩直角方形幷。與甲巳巳丁上兩直角方形幷亦等。此二率者。每減一甲巳上直角方形。則所存乙巳巳丁上兩直角方形。自相等。而兩邊亦等

第四題

圜內不過心兩直線相交。不得俱爲兩平分

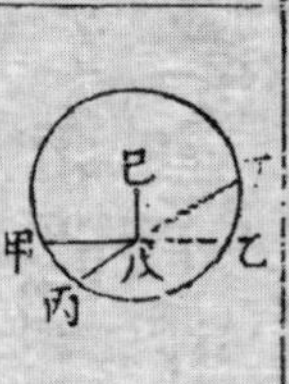

解曰。甲丙乙丁圜內有甲乙丙丁兩直線。俱不過巳心 若一過心。一不過心。卽兩線不得俱爲兩平分。其理易顯 而交于戊。題言兩直線或有一線爲兩平分。不得俱爲兩平分

論曰若云不然而甲乙丙丁能俱兩平分于戊試令尋本圜心于己（本篇一）從己至戊作甲乙之垂線其己戊既分甲乙爲兩平分即爲兩直角（本篇三）而又能分丙丁爲兩平分亦宜爲兩直角是己戊甲爲直角而己戊丙亦直角全與其分等矣

第五題

兩圜相交必不同心

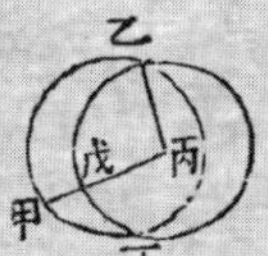

解曰甲乙丁戊乙丁兩圜交于乙于丁題言兩圜不同心

論曰若言丙爲同心令自丙至乙至甲各作直線其丙

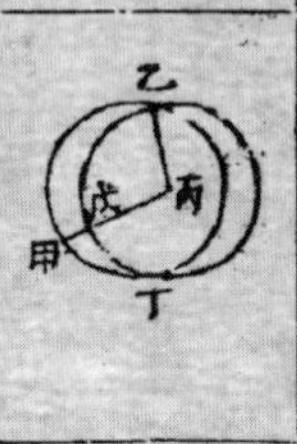

乙至圜交。而丙甲截兩圜之界于戊于甲。夫丙既爲戊乙丁圜之心。則丙乙與丙戊等。而又爲甲乙丁圜之心。則丙乙與丙甲又等。是丙戊與丙甲亦等。而全與其分等也

第六題

兩圜內相切。必不同心

解曰。甲乙丙乙兩圜內相切于乙。題言兩圜不同心

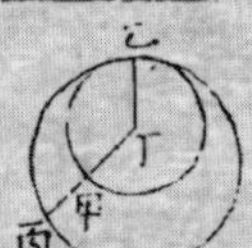

論曰。若言丁爲同心。令自丁至乙至丙。各作直線。其丁乙至切界。而丁丙截兩圜之界于甲于丙。夫丁既爲甲

乙圜之心則丁乙與丁甲等而又爲丙乙圜之心則丁乙與丁丙又等是丁甲與丁丙亦等而全與其分等也

第七題

圜徑離心任取一點從點至圜界任出幾線其過心線最大不過心線最小餘線愈近心者愈大愈近不過心線者愈小而諸線中止兩線等

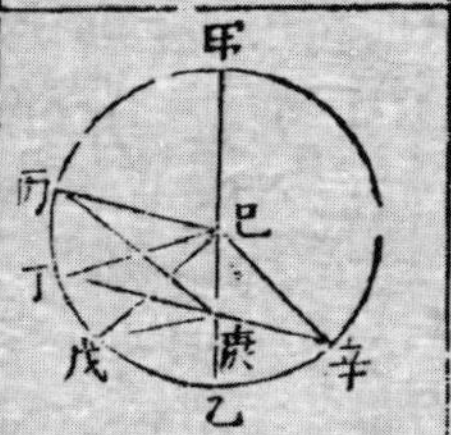

解曰甲丙丁戊乙圜其徑甲乙其心巳離心任取一點爲庚從庚至圜界任出幾線爲庚丙庚丁庚戊題先言從庚所出諸線惟過心庚甲最大次言不過心庚乙最小三言庚丙大于庚丁

庚丁大于庚戊。愈近心愈大。愈近庚乙愈小。
後言庚乙兩旁。止可出兩線等

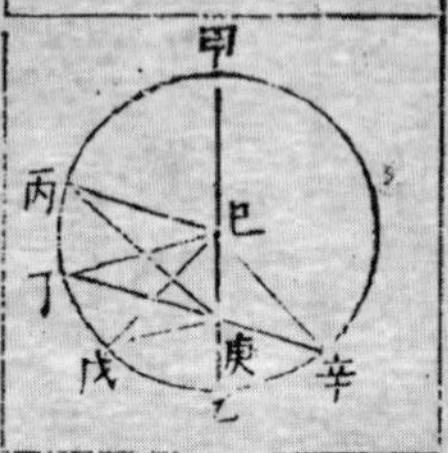

先論曰。試從巳心出三線至丙至丁至戊。其丙巳庚角形之丙巳巳庚兩邊幷大于丙庚一邊一卷二十而丙巳巳庚等于甲巳巳庚則庚甲大于庚丙依顯庚丁庚戊俱小于庚甲是庚甲最大

次論曰。巳庚戊角形之巳戊一邊小于巳庚庚戊兩邊幷一卷二十而巳戊與巳乙等則巳乙小于巳庚庚戊并矣。次各減同用之巳庚則庚乙小于庚戊。依顯庚戊小于庚丁。庚丁小于庚丙。是庚乙最小

三論曰。丙巳庚角形之丙巳與丁巳庚角形之丁巳兩邊等。巳庚同邊。而丙巳庚角大于丁巳庚角。全大于分則對大角之庚丙邊大于對小角之庚丁邊一卷廿四依顯庚丁大于庚戊。而愈近心愈大愈近庚乙愈小

後論曰。試依戊巳乙作乙巳辛相等角。而抵圜界。爲巳辛線。次從庚作庚辛線。其戊巳庚角形之戊巳腰與庚巳辛角形之辛巳腰。既等。巳庚同腰。兩腰間角又等。則對等角之庚戊庚辛兩底亦等一卷四而庚乙兩旁之庚戊庚辛。等矣。此外若有從庚出線在辛之上。即依第三論大于庚辛。在辛之下。即小于庚辛。故云庚乙兩旁止

可出庚戊庚辛兩線等

第八題

圜外任取一點從點任出幾線其至規內則過圜心線最大餘線愈離心愈小其至規外則過圜心線爲徑之餘者最小餘線愈近徑餘愈小而諸線中止兩線等

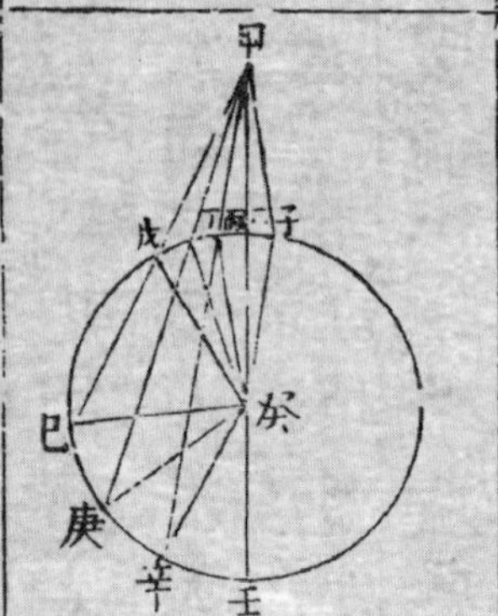

解曰乙丙丁戊圜之外從甲點任出幾線其一爲過癸心之甲壬其餘爲甲辛爲甲庚爲甲己皆至規內規內線者如車輞之楷牙題先言過心之甲壬最大次言近心之甲辛大于離心之甲庚甲庚又大于甲己三

反上言規外之甲乙爲乙壬徑餘者規外線者。如車輻之湊轂最小。四言甲丙近徑餘。小于甲丁。甲丁又小于甲戊。後言甲乙兩旁。止可出兩線等

先論曰。試從癸心至丙、丁、戊、巳、庚、辛。各出直線。其甲癸辛角形之甲癸、癸辛。兩邊幷。大于甲辛一邊一卷二十而甲癸、癸辛。與甲壬等。則甲壬大于甲辛。依顯甲壬更大于甲庚、甲巳。而過心之甲壬最大

次論曰。甲癸辛角形之癸辛。與甲癸庚角形之癸庚。兩邊等。甲癸同邊。而甲癸辛角。大于甲癸庚角全大于分則對大角之甲辛邊。大于對小角之甲庚邊一卷廿四依顯甲庚

大于甲巳而規内線愈離心愈小
三論曰甲癸丙角形之甲癸一邊小
于甲丙丙癸兩邊并（一卷二十）次每減一
相等之乙癸丙癸則甲乙小于甲丙

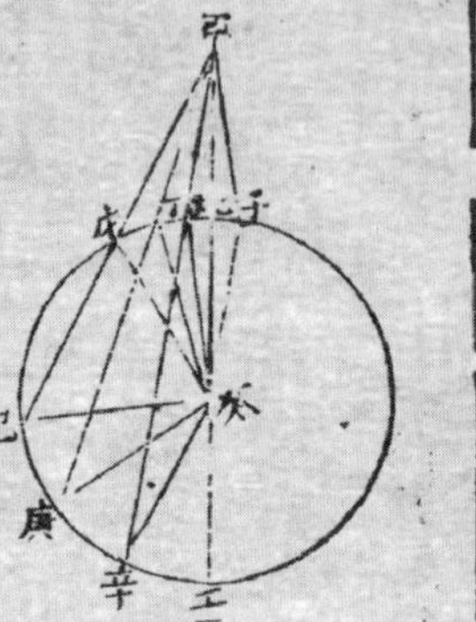

矣依顯甲乙更小于甲丁甲戊而規外甲乙最小
四論曰甲丁癸角形之內從甲與癸出甲丙丙癸兩邊
并小于甲丁丁癸兩邊并（一卷廿一）此二率者每減一相等
之丙癸丁癸則甲丙小于甲丁矣依顯甲丙更小于甲
戊而愈近徑餘甲乙者愈小
後論曰試依乙癸丙作乙癸子相等角抵圜界次作甲

子線。其甲子癸角形之甲癸、癸子、兩腰，與甲癸丙角形之甲癸、癸丙、兩腰，各等，而兩腰間角又等，則對等角之甲子、甲丙、兩底亦等也。一卷四 此外若有從甲出線在子之上，卽依第四論，小于甲丙；在子之下，卽大于甲丙。故云甲乙兩旁止可出甲丙、甲子、兩線等。

第九題

圜內從一點至界作三線以上皆等，卽此點必圜心。

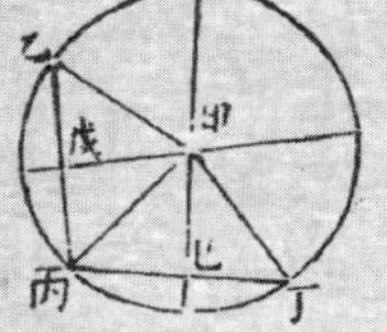

解曰：從甲點至乙、丙、丁、圜界，作甲乙、甲丙、甲丁、三直線，若等，題言甲點爲圜心。三以上等者，更不待論。

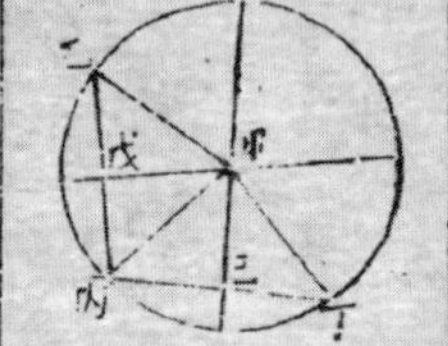

論曰。試于乙丙、丙丁、界作乙丙、丙丁、兩直線相聯。此兩線各兩平分于戊于巳。從甲出兩直線爲甲戊、爲甲巳。其甲乙戊角形之甲乙、與甲戊丙角形之甲丙兩腰既等。甲戊同腰。乙戊、戊丙、兩底又等。即甲戊乙與甲戊丙兩角亦等（一卷八）爲兩直角。依顯甲巳丙、甲巳丁、亦等爲兩直角。則甲戊甲巳之分乙丙、丙丁、俱平分爲直角。而此兩線俱爲函心線（本篇一之系）定相遇于甲。甲爲圜心矣。

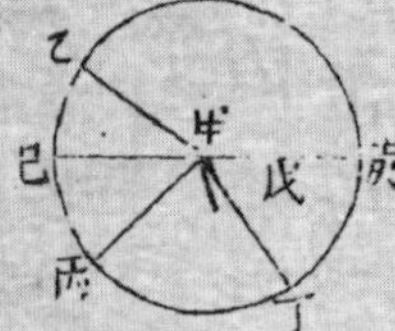

又論曰。若言甲非心。心在于戊者。令戊甲相聯。引作巳庚徑線。即甲是戊心外所取一點。

而從甲所出線愈近心者宜愈大矣本篇七則甲丁宜大于甲丙而先設等何也

第十題

兩圜相交止于兩點

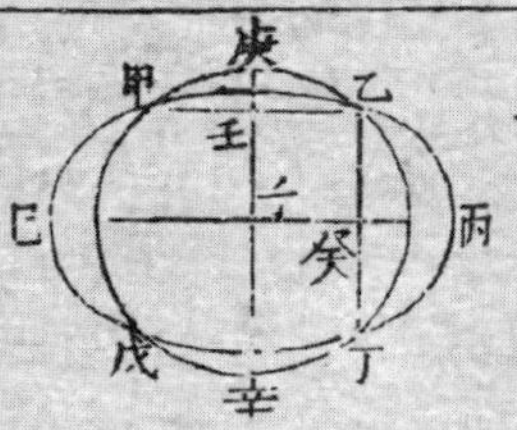

論曰若言甲乙丙丁戊巳圜與甲庚乙丁辛戊圜三相交于甲于乙于丁令作甲乙乙丁兩直線相聯此兩線各兩平分于壬于癸次從壬癸作子壬子癸兩垂線其子壬分甲乙子癸分乙丁既皆兩平分而各爲兩直角即子壬子癸兩線俱爲甲庚乙丁辛戊圜之函心線本篇一之系而子爲

其心矣依題甲乙丙丁戊己圜亦以子爲心也夫兩交之圜尚不得同心本篇五何緣得有三交

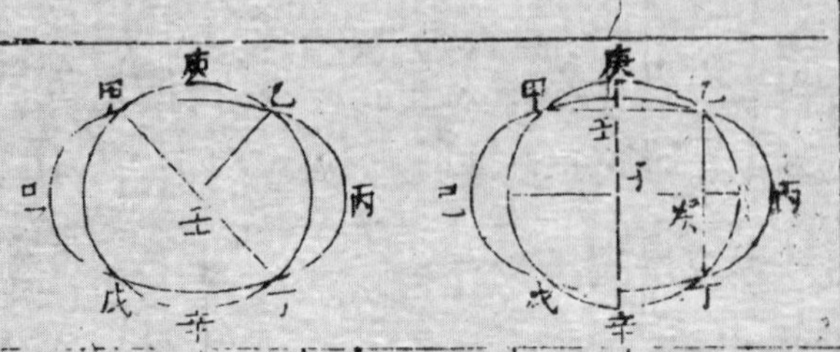

又論曰若言兩圜三相交于甲于乙于丁令先尋甲庚乙丁辛戊圜之心于壬本篇一次從心至三交界作壬甲壬乙壬丁三線此三線等也一卷界說十五又甲乙丙丁戊己圜内有從壬出之壬甲壬乙壬丁三相等線則壬又爲甲乙丙丁戊己圜之心本篇九不亦交圜同心乎本篇五

第十一題

兩圜內相切，作直線聯兩心，引出之，必至切界

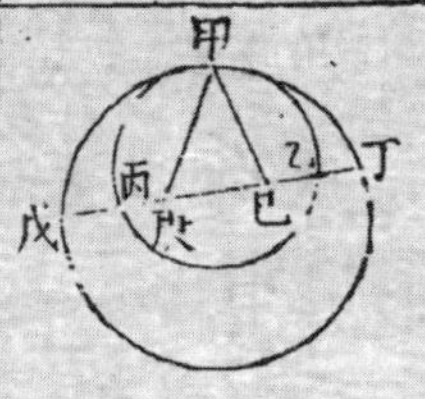

解曰：甲乙丙、甲丁戊兩圜，內相切于甲，而己爲甲乙丙之心，庚爲甲丁戊之心。題言作直線聯庚己兩心，引抵圜界，必至甲。

論曰：如云不至甲，而截兩圜界于乙、丁，及丙、戊，令從甲作甲己、甲庚兩線，其甲己庚角形之庚己、己甲兩邊并大于庚甲一邊，一卷二十而同圜心所出之庚甲、庚丁宜等，即庚己、己甲大于庚丁矣。此二率者各減同用之庚己，即己甲亦大于己丁矣。夫己甲與己乙是內圜同心所出等線，則己乙亦大于己丁，而分大于全也，可乎？若曰

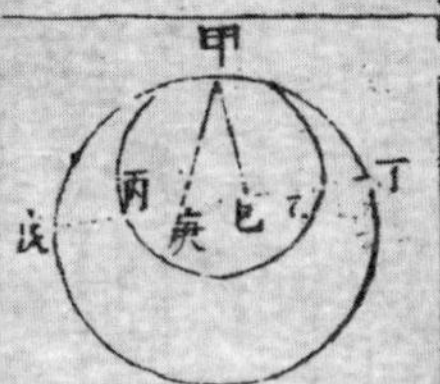

庚爲甲乙丙心巳爲甲丁戊心亦依前轉說之甲巳庚角形之巳庚庚甲兩邊幷大于甲巳一邊一卷二十而同圜心所出之巳甲巳戊宜等卽巳庚庚甲大于巳戊矣此二率者各减同用之巳庚卽庚甲大于庚戊矣夫庚甲與庚丙是內圜同心所出等線則庚丙亦大于庚戊而分大于全也可乎

第十二題

兩圜外相切以直線聯兩心必過切界

解曰甲乙丙丁乙戊兩圜外相切于乙其甲乙丙心爲巳丁乙戊心爲庚題言作巳庚直線必過乙

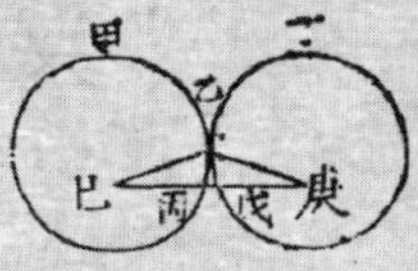

論曰。如云不然、而巳庚線、截兩圜界于戊于丙。令于切界作乙巳乙庚兩線。其乙巳庚角形之巳乙乙庚兩邊幷、大于巳庚一邊。而乙庚與庚戊乙巳與巳丙俱同心所出線、宜各等。即庚戊丙巳兩線幷。亦大于庚巳一線矣。一卷二十 夫庚巳線分爲庚戊丙巳尚餘丙戊。而云庚戊丙巳大于庚巳。則分大于全也。故直線聯巳庚。必過乙

第十三題 二支

圜相切。不論內外。止以一點

先論曰。甲乙丙丁、與甲戊丙巳兩圜。內相切。若云有兩

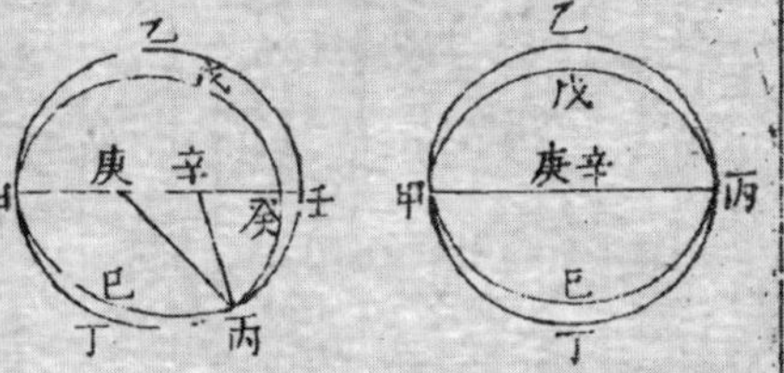

點相切于甲、又于丙。今作直線、函兩圜心庚、辛、引出之，如前圖。宜至相切之甲、之丙（本篇十一）。則甲丙爲兩圜之同徑矣。而此徑線者。兩平分于庚。又兩平分于辛。何也（一直線止以一點兩平分）。若云庚辛引出直線。一抵甲。一截兩圜之界于癸、于壬。即如後圖。令從兩心、各作直線。至又相切之丙。次問之甲。乙丙丁圜之心。爲庚邪、辛邪。如曰庚也。而辛爲甲戊丙巳之心。則丙庚辛角形之庚辛、辛丙、兩邊并。大于庚丙一邊（一卷二十）。而庚辛、辛丙。與庚癸宜等（辛癸、辛丙同。圜心所出故）。即庚癸亦大于庚丙矣。夫庚丙與庚壬

者外圜同心所出等線也將庚癸亦大于庚壬可乎如曰辛也而庚爲甲戊丙巳之心則丙庚辛角形之辛庚庚丙兩邊并大于辛丙一邊（一卷二十）而辛丙與辛甲宜等即辛庚庚丙亦大于辛甲矣此二率者各減同用之辛庚即庚丙亦大于庚甲也夫庚甲與庚丙者亦同圜心所出等線也而安有大小

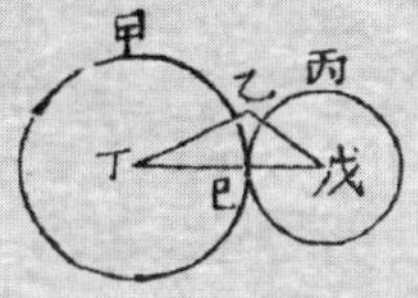

後論曰甲乙與乙丙兩圜外相切于巳從甲乙之丁心丙乙之戊心作直線相聯必過巳（本篇十二）若云又相切于乙令自乙至丁至戊各作直線其丁乙乙戊并宜與丁戊等而爲角形之兩腰又宜大

于丁戊一卷二十則兩圜相切安得兩點

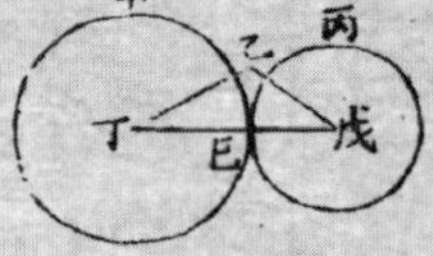

又後論曰更令于兩相切之乙之巳作直線相聯其直線當在甲乙圜內本篇二又當在乙丙圜內何所置之

第十四題二支

圜內兩直線等即距心之遠近等距心之遠近等即兩直線等

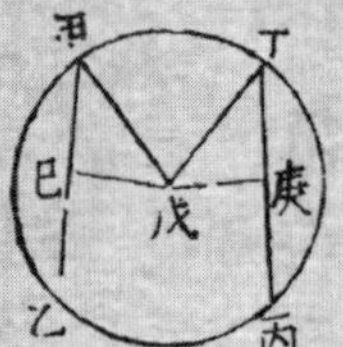

先解曰甲乙丙丁圜其心戊圜內甲乙丁丙兩線等題言兩線距戊心遠近亦等

論曰試從戊心向甲乙作戊巳向丁丙作戊

庚。各垂線。次自丁、自甲、至戊。各作直線。其戊巳、戊庚。旣各分甲乙、丁丙、線爲兩平分本篇三而甲乙、丁丙、等。則平分之甲巳、丁庚、亦等。夫甲戊上直角方形。與甲巳、巳戊上兩直角方形幷等一卷四七等甲戊之丁戊上直角方形。與丁庚、庚戊、上兩直角方形幷等。而甲巳、丁庚、上兩直角方形旣等。卽戊巳戊庚、上兩直角方形亦等。則戊巳、戊庚、兩線亦等。是甲乙、丁丙、兩線距心之度等本卷界說四

後解曰。甲乙、丁丙、兩線。距戊心、遠近等。題言甲乙、丁丙、兩線亦等

論曰。依前論。從戊作戊巳戊庚、兩垂線。旣等本卷界說四而

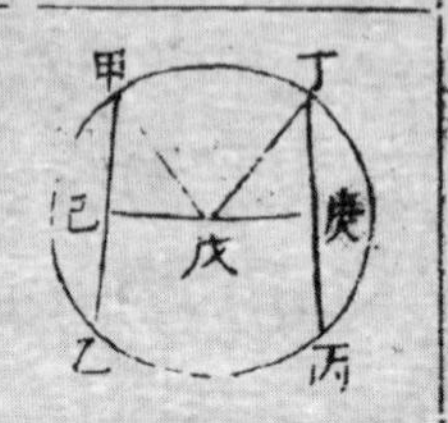

分甲乙丁丙。各爲兩平分本篇三其甲戊上直角方形。與甲巳巳戊、上兩直角方形并等卷一四七等甲戊之丁戊上直角方形。與丁庚庚戊上兩直角方形并、等。即甲巳巳戊、上兩直角方形并。與丁庚庚戊、上兩直角方形并、亦等。此二率者。每減一相等之巳戊戊庚上直角方形。即所存甲巳、丁庚上兩直角方形、亦等。是甲巳、丁庚兩線等也。夫甲乙倍甲巳。丁丙倍丁庚。其半等。其全必等

第十五題

徑爲圜內之大線。其餘線者。近心大于遠心

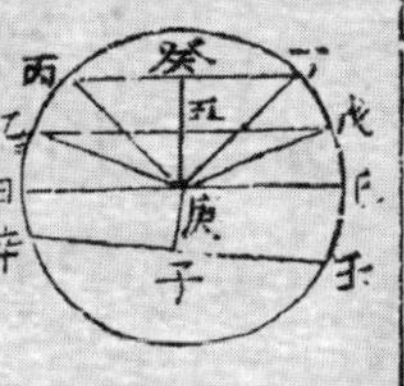

解曰。甲乙丙丁戊己圜。其心庚。其徑甲己。其近心線爲辛壬。遠心線爲丙丁。題言甲乙最大。辛壬近心。大于丙丁遠心

論曰。試從庚向丙丁、作庚癸、向辛壬、作庚子、各垂線。其丙丁距心遠于辛壬。卽庚癸大于庚子（本卷界說四）次于庚癸線截庚丑。與庚子等。次從丑作乙戊。爲庚癸之垂線。末于庚乙、庚丙、庚丁、庚戊。各作直線相聯。其庚丑既等于庚子。卽乙戊、與辛壬。各以垂線距心遠近等（本卷界說四）而兩線亦等（本篇十四）夫庚乙、庚戊、并。大于乙戊（一卷二十）而與甲己等。卽甲己大于乙戊。亦大于辛壬矣。依顯甲己大

于他線則甲已最大。又乙庚戊角形之乙庚庚戊兩腰與丙庚丁角形之丙庚庚丁兩腰

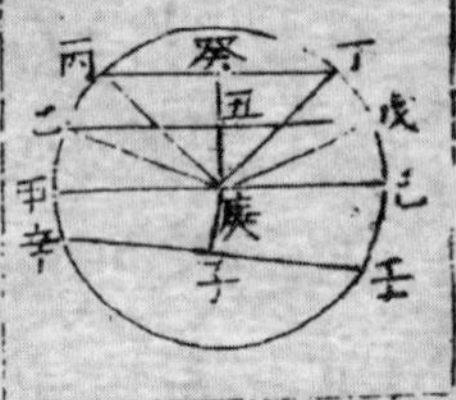

等而乙庚戊角大于丙庚丁角則乙戊底大于丙丁底一卷廿四故等乙戊之辛壬亦大于丙丁也是近心線大于遠心線也

第十六題 三支

圜徑末之直角線全在圜外而直線偕圜界所作切邊角不得更作一直線入其內其半圜分角大于各直線銳角切邊角小于各直線銳角

先解曰甲乙丙圜丁為心甲丙為徑從甲作甲丙之垂

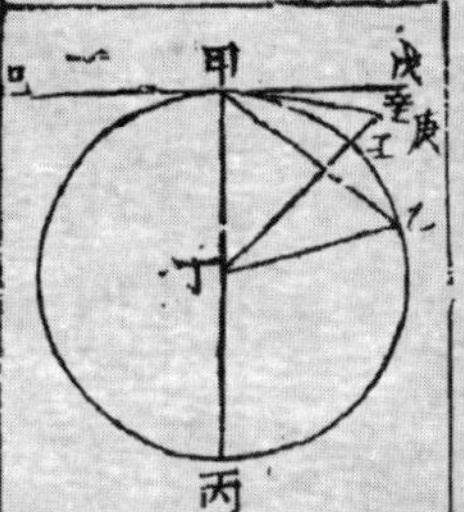

線。題言此線全在圜外

論曰。若言在內。如甲乙。令自丁至乙。作直線。即丁甲乙。與丁乙甲。兩角等一卷五丁甲既爲直角。丁乙又爲直角乎。夫角形三角幷。等兩直角一卷十七豈得形內自有兩直角也。則垂線必在圜外。若巳戊。必不在圜內。若甲乙。又不在圜界之上如云在界。亦依此論故曰。全在圜外

次解曰。題又言。戊甲垂線。偕乙甲圜界所作切邊角。不得更作一直線。入其內

論曰。若云可作。如庚甲。令從丁心向庚甲。作丁辛。爲庚

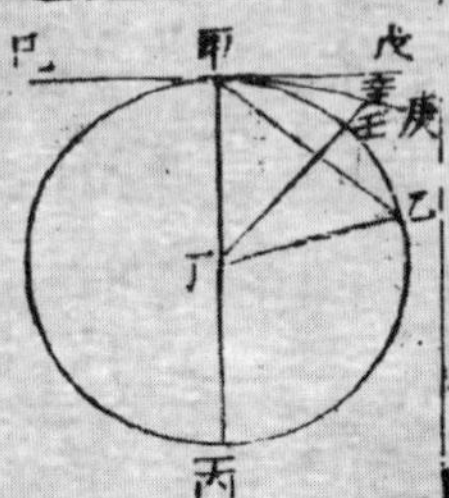

甲之垂線一卷十二夫丁甲辛角形之丁甲辛、丁辛甲、兩角并小于兩直角一卷十七而丁辛甲爲直角。卽對小角之丁辛線。小于對大角之甲丁線矣一卷十九甲丁者。與丁壬爲同圜相等者也。將丁壬亦大于丁辛乎。則戊甲乙角之内。不得更作一直線。而戊甲之下。但有直線。必入本圜之内也

後解曰。題又言丁甲垂線偕乙甲圜界所作丙甲乙圜分角。大于各直線鋭角。而戊甲垂線偕乙甲圜界所作切邊角。小于各直線鋭角

論曰。依前論。甲戊下。有直線。既云必入圜内。卽此直線

偕戊甲、所作各直線鋭角。皆小于圜分角。而切邊角、小于各直線鋭角

系。巳甲線必切圜以一點

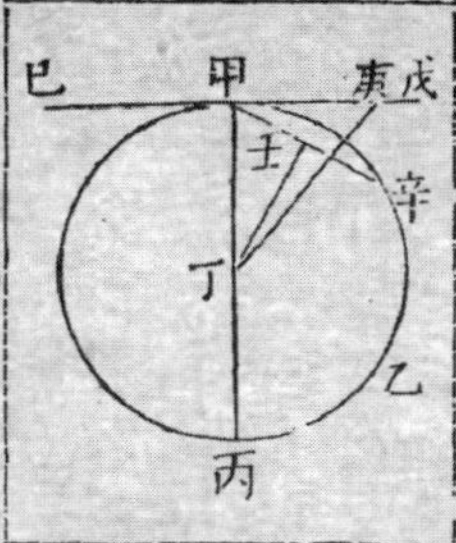

增先解曰。甲乙丙圜。其心丁。其徑甲丙。從甲作戊甲。爲甲丙之垂線。題言戊甲全在圜外

增正論曰。試于甲戊線内。任取一點爲庚。自庚至丁、作直線。其甲丁庚角形之丁甲庚、丁庚甲、兩角。小于兩直角。一卷十七 而丁甲庚爲直角。即丁庚甲小于直角。對大角之丁庚線。大于對小角之丁甲線矣 一卷十九 則

庚點在圜之外也。凡戊甲以內作點皆依此論。故戊甲線全在圜外

增次解曰。從甲作甲辛線，在戊甲之下。

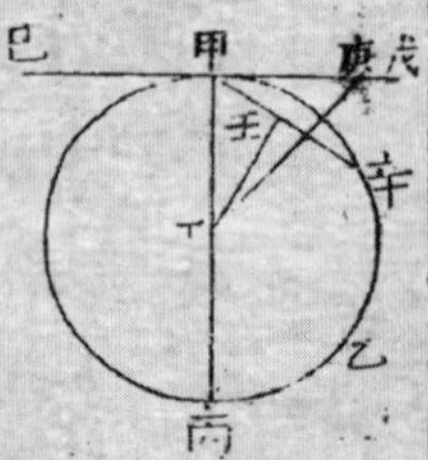

題言甲辛必割圜爲分

增正論曰。試作甲丁壬角，與戊甲辛角等。其甲丁壬、辛甲丁兩角幷，等于戊甲丁直角。必小于兩直角。而丁壬、甲辛兩線必相遇。公論十一 其相遇又必在圜之內。如壬。何者。壬甲丁、壬丁甲兩角，旣與一直角等。即甲壬丁必爲直角。一卷卅二 而對大角之甲丁線必大于對小角之丁壬線矣。一卷十九 夫甲丁線僅至圜界。則丁壬

不能抵圜界。必在圜之內也

後支前已正論

或難曰。切邊角。有大有小。何以畢不得兩分。向者閒幾何之分。不可窮盡。如莊子尺棰之義。深著明矣。今切邊之內有角。非幾何乎。此幾何何獨不可分邪。又十卷第一題言設一小幾何。又設一大幾何。若從大者半減之。減之又減。必至一處小于所設小率。此題最明。無可疑者。今言切邊之角。小于直線銳角。是小幾何也。彼直線銳角。是亦大幾何也。若從直線銳角半減之。減之又減。何以終竟不得小于切邊角邪既本題推顯切邊角中。不得容一直線。如此著明。便當并無切邊角。無角。則無幾何。此則不可得分耳。且幾何原本書中。無有至大不可加之率。無有至小不可減之率。若切邊角不可分。豈非至小不可減乎。荅曰。謬矣子之言也。有圜。有線。安得無切邊角。且既言直線鋭角。大于切邊角。即有切邊角矣。苟無角。安所較大小哉。且子言直線與圜界。并無切邊角。則兩圜

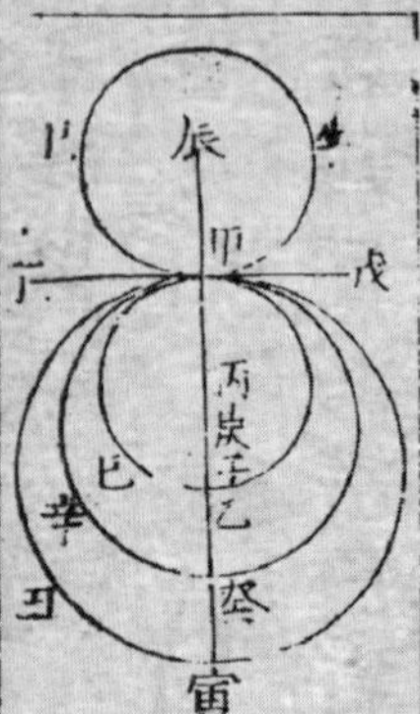

外相切。亦無角乎。曰。然。曰。試如作甲巳乙圜。其心丙。而丁戊爲切線。即丁甲巳爲切邊角。次移心于庚

又作甲辛癸圜。即丁甲辛爲切邊角。而小于丁甲巳。次移心于子。又作甲丑寅圜。即丁甲丑爲切邊角。而又小于丁甲辛。如是小之又小。疑無角焉。次又于切線之外。以辰爲心。作甲巳午圜。而與前圜外相切于甲。依子所說。疑無角焉。然兩圜外相切。而以丁戊線分之。不可分乎。更自辰至寅作直線。截兩圜之界。而分丁戊爲兩平分。不可分乎。兩圜兩直線交羅相遇于甲也。能不皆以一點乎。如以一點也。即此一點之外。不能無空。即不能不爲四切邊角矣。子所據尺棰之分無盡。又言幾何原本書中。無至小不可減之率

也。是也。夫切邊角。但不可以直線分之耳。若用圜線

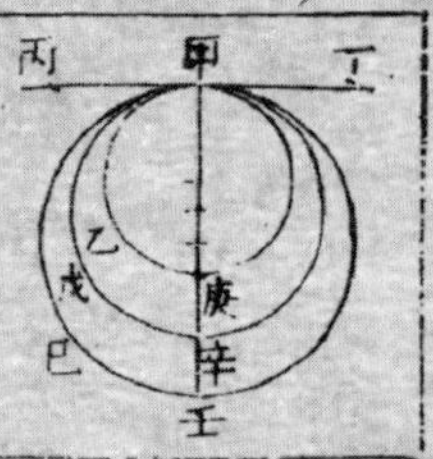

則可分矣。如甲乙庚圜。與丙甲丁直線相切于甲。作丁甲庚切邊大角。若移一心。作甲戊辛圜。又得丁甲辛切邊角。卽小于丁甲庚也。又移一心。作甲巳壬圜。又得丁甲壬切邊小角。卽又小于丁甲辛也。如此以至無窮。則切邊角分之無盡。何謂不可減邪。若十卷第一題所言。元無可疑。但以圜角分圜角。則與其說合矣。彼所言大小兩幾何者。謂大能相較爲大。能相較爲小者也。如以直線分直線角。以圜線分圜線角。是巳。此切邊角。與直

線角豈能相較爲大小哉

增題有兩種幾何。一大、一小。以小率半增之。遞增至于無窮。以大率半減之。遞減至于無窮。其元大者恒大。元小者恒小

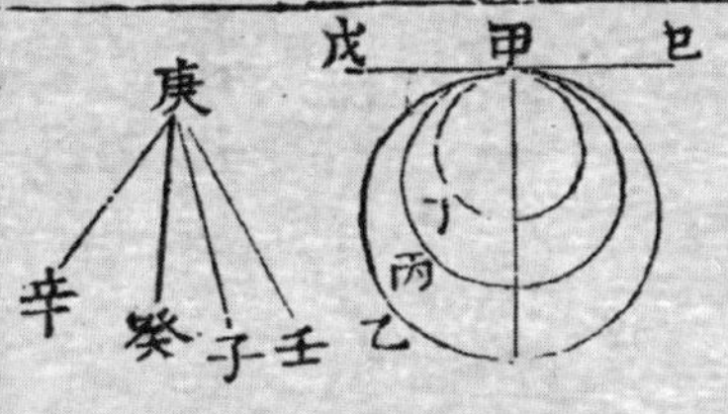

解曰。戊甲乙切邊角、爲小率。壬庚辛直線銳角、爲大率。今別作甲丙、甲丁、等圜俱切戊己線于甲。其切邊角愈增愈大、如前論。別以庚癸、庚子、線作角。分壬庚辛角于庚。愈分愈小。然直線角恒大。切邊角恒小。乃

至終古不得相比

又增題舊有一說以一小率加一大率之上或以一大率加一小率之上不相離逐線漸移之必至一相等之處又一說有率大于此率者有率小于此率者則必有率等于此率者昔人以為皆公論也若用以律本題即不可得故今斥不為公論

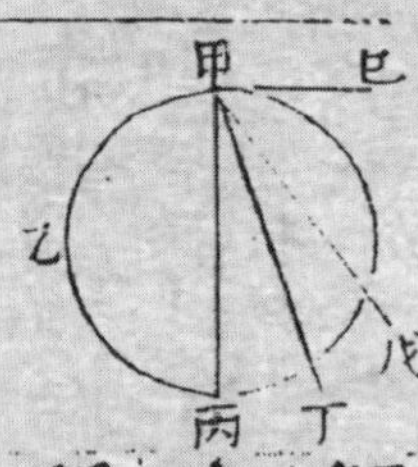

解曰甲乙丙圜其徑甲丙今甲丙之甲界定在于甲而引丙線逐線漸移之向巳其所經丁戊巳及中間逐線所經無數然依本題論則甲丙所經凡割圜時皆為鋭角即小于半圜分角繞離鋭角便為直角即大于半圜分角是所

經無數線。終無有相等線。可見前一舊說。未爲公論。又直線銳角。皆小于半圜分角。直角與鈍角。皆大于半圜分角。是有大者。有小者。終無等者。可見後一舊說。未爲公論也

第十七題

設一點。一圜。求從點作切線

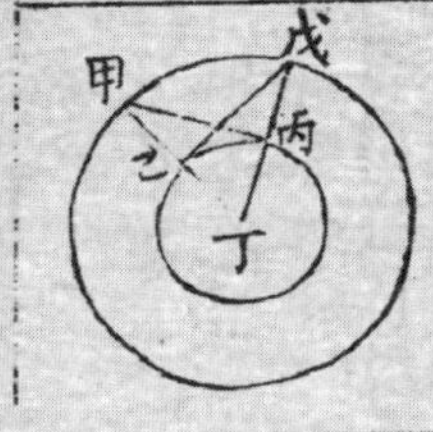

法曰。甲點。求作直線。切乙丙圜。其圜心丁。先從甲作甲丁直線。截乙丙圜于乙。次以丁爲心。甲爲界。作甲戊圜。次從乙作甲丁之垂線而遇甲戊圜于戊。次作戊丁直線。而截乙丙圜于丙。末

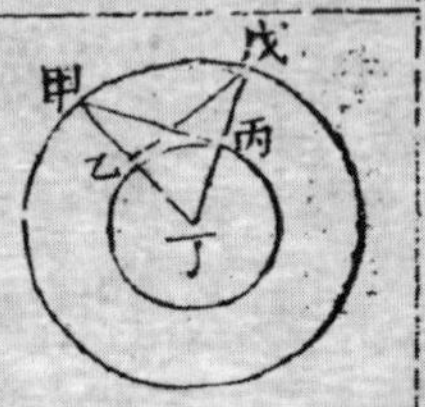

作甲丙直線，卽切乙丙圜于丙。

論曰：乙戊丁角形之戊丁、丁乙兩腰與甲丙丁角形之甲丁、丁丙兩腰各等（一卷界說十五），丁角同，卽甲丙、乙戊兩底亦等（一卷四）。而戊乙丁爲直角，卽甲丙丁亦直角，則甲丙偕乙丙圜之半徑丁丙爲一直角矣，豈非圜之切線（本篇十六之系）。

第十八題

直線切圜，從圜心作直線至切界，必爲切線之垂線。

解曰：甲乙直線切丙丁圜于丙，從戊心至切界作戊丙線。題言戊丙爲甲乙之垂線。

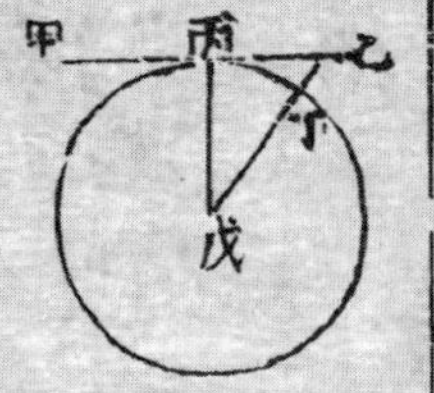

論曰。如云不然。令從戊別作垂線。如至巳。而截丙丁圜于丁。其丙戊巳角形之戊巳丙。旣爲直角。即宜大于巳丙戊角。一卷十七而對大角之戊丙邊。宜大于對小角之戊巳邊矣。一卷十九夫戊丙與戊丁等也。戊丙大于戊巳。則戊丁亦大于戊巳乎

又論曰。若云丙非直角。即其兩旁角。一銳一鈍。令乙丙戊爲銳角。則銳角乃大于半圜分角乎本篇十六

第十九題

直線切圜。圜內作切線之垂線。則圜心必在垂線之內

解曰。甲乙線切丙丁戊圜于丙。圜內作戊丙爲甲乙之

垂線題言圜心在戊丙線內

論曰如云不然心在于巳令從巳作巳丙直線即巳丙亦爲甲乙之垂線本篇十八而巳丙甲與戊丙甲等爲直角是全與其分等矣

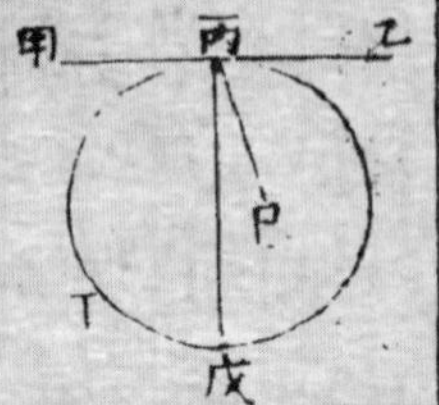

第二十題

負圜角與分圜角所負所分之圜分同則分圜角必倍大于負圜角

解曰甲乙丙圜其心丁有乙丁丙分圜角乙甲丙負圜角同以乙丙圜分爲底題言乙丁丙角倍大于乙甲丙角

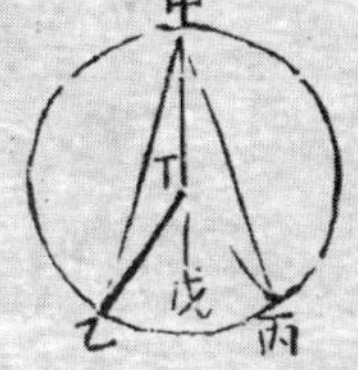

先論分圜角在乙甲甲丙之內者曰如上圖試從甲過丁心作甲戊線其甲丁乙角形之丁甲丁乙等即丁甲乙丁乙甲兩角等一卷五而乙丁戊外角與內相對兩角幷等一卷卅二即乙丁戊倍大于乙甲丁矣依顯丙丁戊亦倍大于丙甲丁則乙丁丙全角亦倍大于乙甲丙全角

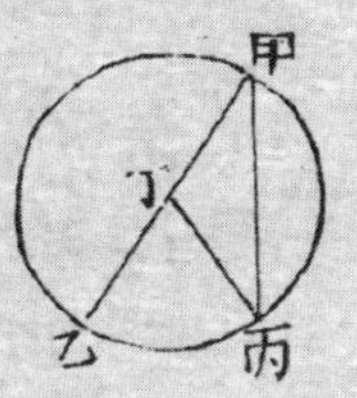

次論分圜角不在乙甲甲丙之內而甲乙線過丁心者曰如上圖依前論推顯乙丁丙外角等于內相對之丁甲丙丁丙甲兩角幷一卷卅二而丁甲丁丙兩腰等即甲丙兩角亦等一卷五則乙丁

丙角倍大于乙甲丙角

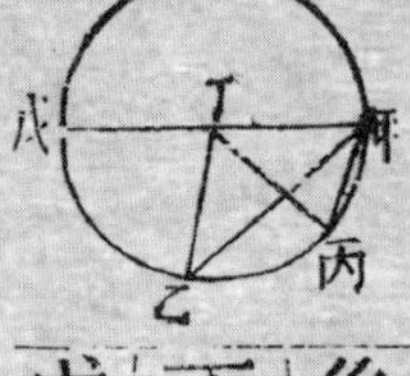

後論分圜角在負圜角線之外而甲乙截丁丙者曰如上圖試從甲過丁心作甲戊線其戊丁丙分圜角與戊甲丙負圜角同以戊乙丙圜分爲底如前次論戊丁丙角倍大于戊甲丙角依顯戊丁乙分圜角亦倍大于戊甲乙負圜角次于戊丁丙角減戊丁乙角戊甲丙角減戊甲乙角則所存乙丁丙角必倍大于乙甲丙角

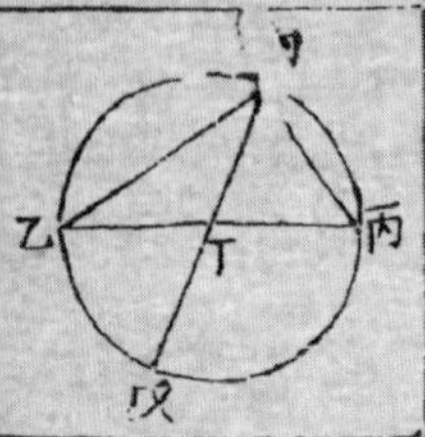

增若乙丁丁丙不作角于心或爲半圜或小于半圜則丁心外餘地亦倍大于同底

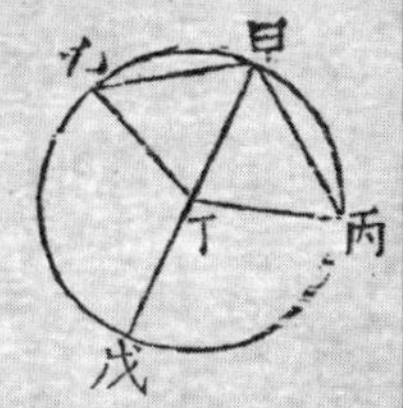

之負圜角

論曰。試從甲過丁心、作甲戊線。即丁心外餘地。分爲乙丁戊、戊丁丙、兩角、依前論推顯此兩角。倍大于乙甲丁、丁甲丙、兩角

第二十一題

凡同圜分內所作負圜角。俱等

解曰。甲乙丙丁圜。其心戊。于丁甲乙丙圜分內。任作丁甲丙、丁乙丙、兩角。題言此兩角等

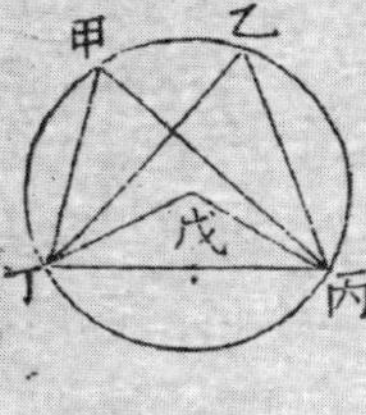

先論函心大分所作、曰。試從戊作戊丁、戊丙、線。其丁戊丙分圜角。既倍大于丁甲丙角、丁

乙丙角（本篇十二）即甲、乙、兩角自相等（公論七）

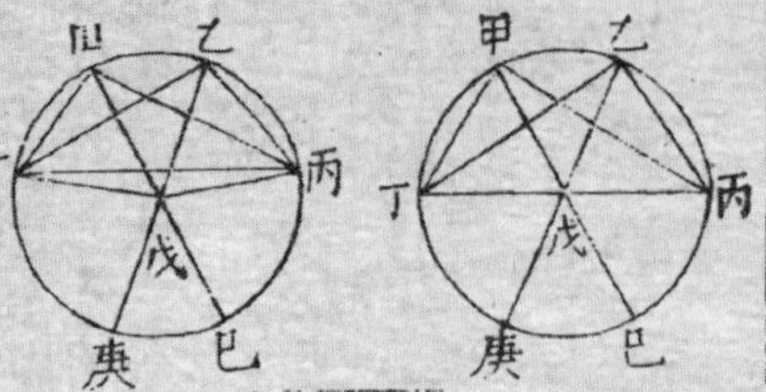

後論半圜分、不函心小分、所作曰、丁甲乙丙。或爲半圜分。或爲不函心小分。俱從甲、從乙過戊作甲己、乙庚兩線。若不函心。更從戊作戊丁、戊丙、兩線。其丁戊己分圜角旣倍大于丁甲己負圜角（本篇二十）依顯丙戊己分圜角。亦倍大于丙甲己負圜角。而丁戊庚、庚戊己、兩角。與丁戊己一角等。則丁戊庚、庚戊己、己戊丙、三角。必倍大于丁甲丙。依顯此三角、亦倍大于丁乙丙。則丁甲丙、丁乙丙、兩角自相等。

又後論曰。二十題增。言分圜不作角。其心外餘地。倍大于同底各負圜角。即各角自相等

又後論曰。甲丙、乙丁線。交羅相遇爲巳。試作甲乙線相聯。其甲丁巳角形之三角。并。與乙丙巳角形之三角并等一卷卅二次每減一交角相等之甲巳丁、乙巳丙一卷十五即巳甲丁、巳丁甲、兩角并。與巳丙乙、巳乙丙兩角并等矣。而甲丁乙、乙丙甲、兩角。同在甲丁丙乙函心大

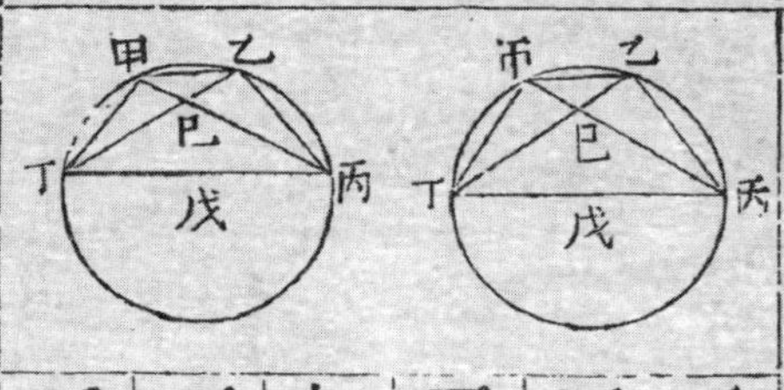

分內又等本題第一論則丁甲丙、與丙乙丁、亦等

又後論曰。丁丙之外。任取一界。爲巳。作丁巳丙巳兩線

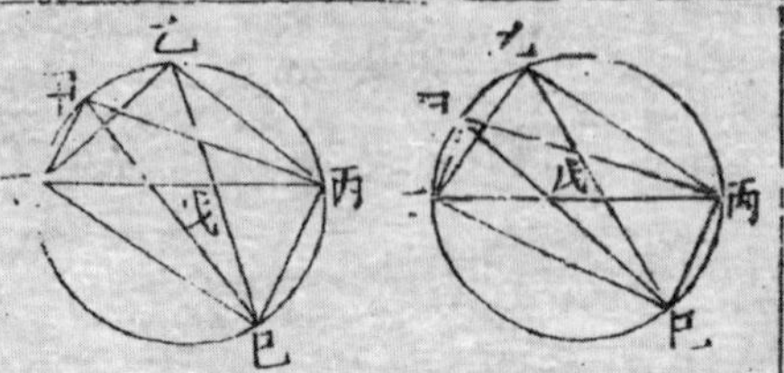

令俱函心。而丁甲乙丙巳與丙乙甲丁巳俱
爲大分。次于甲巳、乙巳、各作直線相聯。其丁
甲巳、與丁乙巳、兩角同負丁甲乙丙巳圜界。
即等本題第一論依顯丙乙巳、與丙甲巳、兩角同
負丙乙甲丁巳圜界。又等。此二相等率。并之
則丁甲丙、丁乙丙、兩全角亦等

第二十二題

圜內切界四邊形。每相對兩角并。與兩直角等

解曰。甲乙丙丁圜。其心戊。圜內有甲乙丙丁四邊形。題
言甲乙丙、丙丁甲、兩角并。乙丙丁、丁甲乙、兩角并。各與

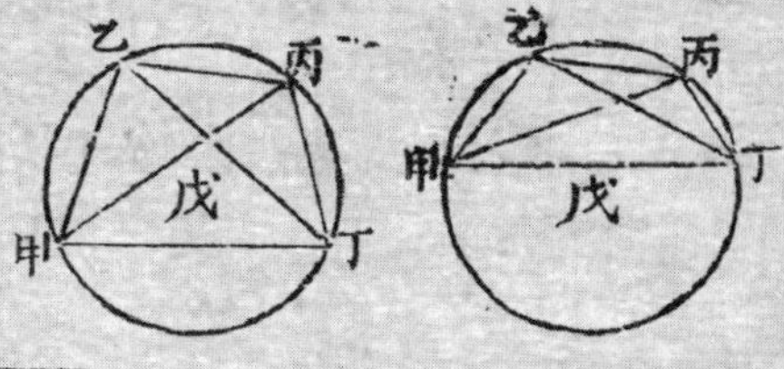

兩直角等

論曰。試作甲丙、乙丁、兩對角線。其甲乙丁、甲丙丁、兩角同負甲乙丙丁圜分。卽等（本篇廿一）依顯丙甲丁、丙乙丁、兩角亦等。則甲乙丁、丙乙丁、兩角并爲甲乙丙一角。與甲丙丁、丙甲丁兩角并等。次每加一丙丁甲角。卽甲乙丙、丙丁甲并、與甲丙丁、丙甲丁、丙丁甲、三角并等。此三角并。元與兩直角等（一卷卅二）則甲乙丙、丙丁甲、相對兩角并。與兩直角等。依顯乙丙丁、丁甲乙并、亦與兩直角等

第二十三題

一直線上作兩圜分。不得相似而不相等

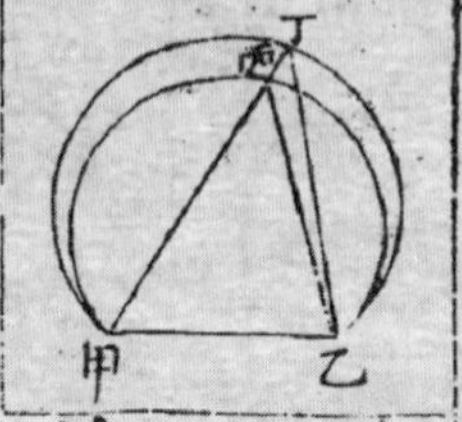

論曰。如云不然。令于甲乙線上作同方兩圜分。相似而不相等。必作甲丙乙。又作甲丁乙。其兩圜相交。止于甲乙兩點。本篇十即一圜分全在內。一圜分全在外矣。次令作甲丁線。截甲丙乙圜于丙。末令作丙乙、丁乙兩線相聯。夫兩圜分相似者。其負圜角宜等。本卷界說十則乙丙甲外角。與相對之乙丁甲內角等乎。一卷十六

第二十四題

相等兩直線上作相似兩圜分。必等

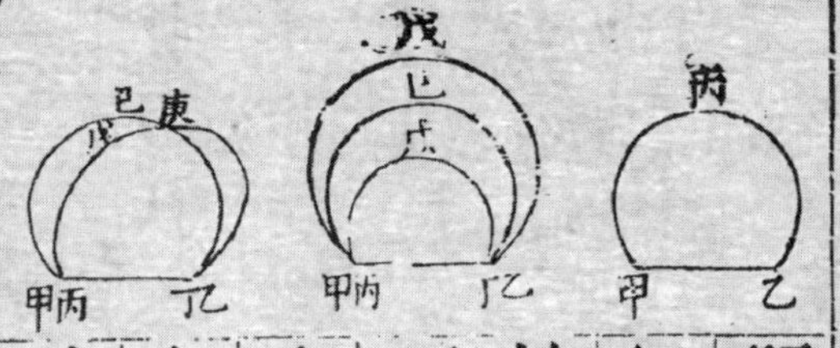

解曰。甲乙、丙丁、兩線上。作甲丙乙、丙巳丁、相似兩圜分。題言兩圜分等

論曰。甲乙、丙丁、兩線旣等。試以甲乙線加丙丁線上。兩線必相合。卽甲丙乙、丙巳丁、兩圜分相加。亦相合。如云不然。必兩圜分相加。或在內。或在外。或半在內。半在外矣。若在內、在外。卽一直線上。有兩圜分、相似而不相等也。本篇廿三若半在內、半在外。卽兩圜三相交也。本篇十兩俱不可。故相似者必等

第二十五題

有圜之分求成圜

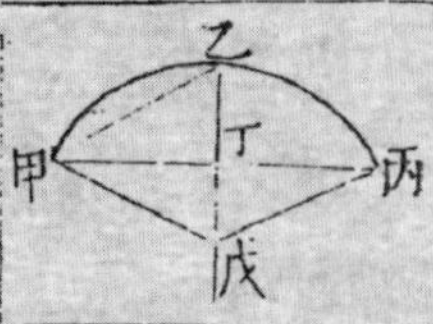

法曰甲乙丙圜分求成圜先于分之兩端作甲丙線次作乙丁爲甲丙之垂線次作甲乙線相聯其丁乙甲角或大于丁甲乙角或等或小若大卽甲乙丙當爲圜之小分何也乙丁分甲丙爲兩平分卽知圜之心必在乙丁線內本篇一之系而心在丁點之外則從丁點所出丁乙爲不過心徑線至小本篇七故對小邊之丁甲乙角小于對大邊之丁乙甲角也一卷十八卽作乙甲戊角與丁乙甲角等次從乙丁引出一線與甲戊線遇于戊卽戊爲圜心

論曰。試從戊作戊丙線。其甲丁戊角形之甲丁線。與丙丁戊角形之丙丁線等。丁戊同線。而甲丁戊、丙丁戊、兩皆直角。即對直角之甲戊與戊丙、兩線等（一卷四）夫甲戊與乙戊以對角等故。既等（一卷六）戊丙、與甲戊又等。則從戊至界。三線皆等。而戊為心（本篇九）

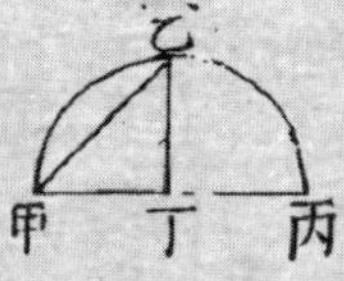

次法兼論曰。若丁乙甲、丁甲乙、兩角等。即甲乙丙為半圜。而甲丙為徑。丁為心。何也。丁乙、丁甲、兩邊等。然後丁乙甲、丁甲乙、兩角等（一卷五）今丁乙甲、丁甲乙、兩角既等。即丁乙、丁甲、兩線必等（一卷六）丁丙元與丁甲等。則從丁所出三線等。而丁為圜心（本篇九）

後法曰。若丁乙甲小于丁甲乙。即甲乙丙當爲圜大分。何也。乙丁分甲丙爲兩平分。即知圜心在乙丁線內本篇一之系而丁點在心之外。

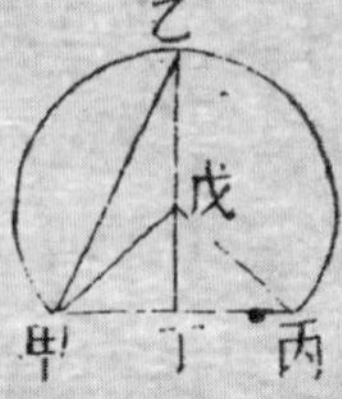

則所出丁乙爲過心徑線。至大本篇七故對大邊之丁甲乙。大于對小邊之丁乙甲也一卷十八即作乙甲戊角與丁乙甲角等。而甲戊線與乙丁線遇于戊。即戊爲圜心

論曰。試從戊作戊丙線。其甲丁戊角形之甲丁線與丙丁戊角形之丙丁線等。丁戊同線。而甲丁戊、丙丁戊兩皆直角。即對直角之甲戊、戊丙兩線亦等一卷四夫乙戊與甲戊以對角等故。既等一卷五戊丙與甲戊亦等。則從

戊至界。三線皆等、而戊爲心。本篇九

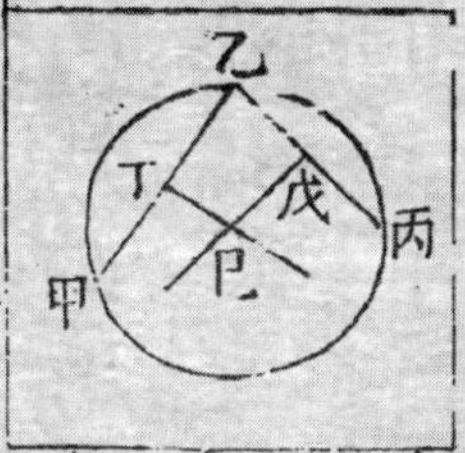

增。求圜分之心。有一簡法。于甲乙丙圜分。任取三點于甲、于乙、于丙。以兩直線聯之。各兩平分于丁、于戊。從丁、從戊作甲乙、乙丙之各垂線。爲巳丁、爲巳戊、而相遇于巳。卽巳爲圜心。

論曰。巳丁、巳戊。既各以兩直角、平分甲乙、乙丙、兩線。卽圜之心。當在兩垂線內。本篇一而相遇于巳。卽巳爲圜心。

其用法。圜界上任取四點。爲甲、爲乙、爲丙、爲丁。每兩

點各自爲心。相向、各任作圜分。四圜分、兩兩相交于戊于巳于庚于辛。從戊巳從庚辛、各作直線引長之交于壬。卽壬爲圜心、

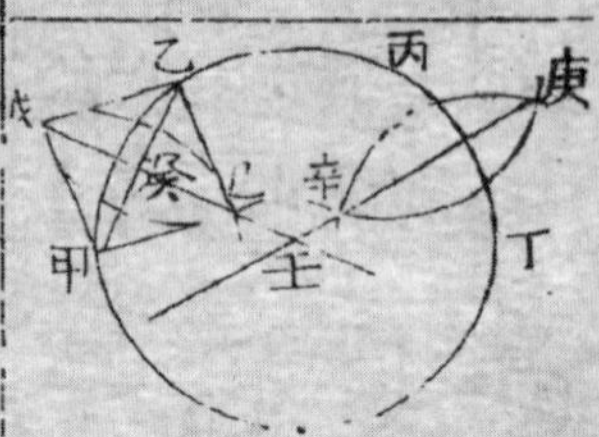

論曰。試作甲戊戊乙乙巳巳甲、四直線。此四線各爲同圜等圜之半徑。各等。卽甲戊巳角形之甲戊巳甲巳戊兩角等。而乙戊巳角形之乙戊巳乙巳戊兩角亦等。次作甲乙直線分戊巳于癸。卽甲巳癸角形之甲巳邊、與乙巳癸角形之乙巳邊等。巳癸同邊。而對甲巳癸角之甲癸邊、與對乙巳癸角之乙癸邊、亦等

一卷 八

則甲癸巳乙癸巳俱爲直角而戊巳

線必過心本篇依顯庚辛線亦過心而相遇于壬爲圜心

第二十六題 二支

等圜之乘圜分角或在心或在界等其所乘之圜分亦等

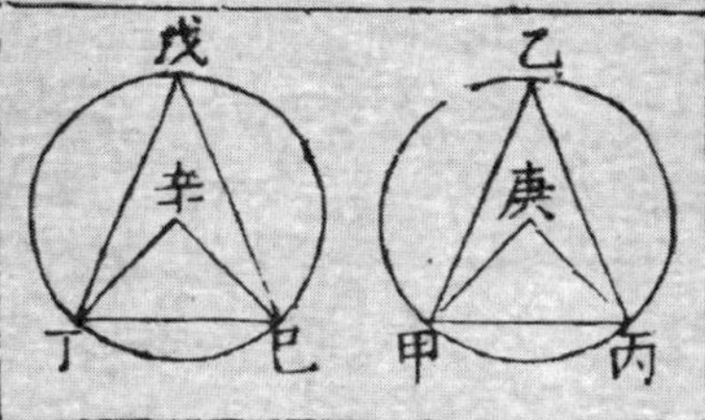

先解在心者曰甲乙丙丁戊巳兩圜等其心爲庚爲辛有甲庚丙與丁辛巳兩乘圜角等題言所乘之甲丙丁巳兩圜分亦等

論曰試于甲乙丙丁戊巳兩圜分之上任取兩點于乙于戊從乙作乙甲乙丙從戊作戊丁戊巳各兩線次作甲丙丁巳兩線相聯其乙與戊兩

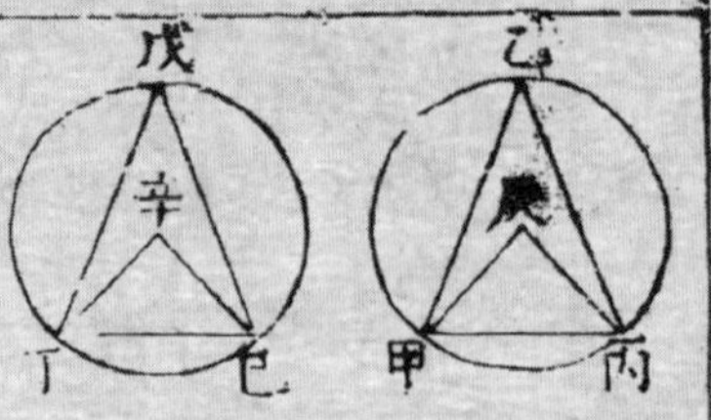

角既各半于庚辛兩角、即乙與戊自相等（本篇二十）而所負甲乙丙、與丁戊巳兩圜分相似（本卷界說十）又甲庚丙角形之甲庚、庚丙、兩邊與丁辛巳角形之丁辛、辛巳兩邊各等。庚角與辛角又等。即甲丙、與丁巳兩邊亦等（一卷四）而相似之甲乙丙、與丁戊巳兩圜分、在等線上亦等（本篇廿四）夫相等圜減相等圜分、則所存甲丙丁巳兩圜分亦等。故云等角所乘之圜分等

後解在界者、曰。兩圜之乙與戊兩乘圜角等。題言所乘之甲丙、丁巳兩圜分亦等

論曰：乙、戊兩角既等。而庚、辛兩角各倍于乙、戊。卽庚、辛自相等。（本篇二十）依前論，甲丙、丁巳兩邊亦自相等。而甲乙丙與丁戊巳兩圜分亦等。（本篇廿四）今于相等圜減相等圜分，則所存甲丙、丁巳兩圜分亦等。

注曰：後解極易明。葢庚、辛角既各倍于乙、戊，則依先論，甲丙、丁巳自相等。（在心之乘圜角，卽分圜角，隨類異名）

第二十七題（二支）

等圜之角，所乘圜分等，則其角或在心，或在界，俱等。

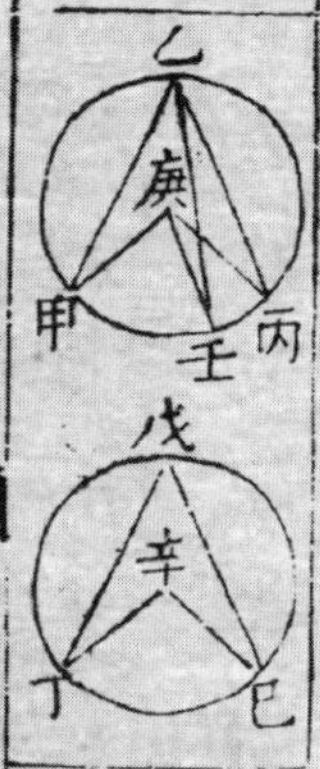

先解在心者，曰：甲乙丙、丁戊巳兩圜等，其心爲庚、爲辛。若甲庚丙乘圜角

所乘之甲丙分。與丁辛巳所乘之丁巳分等。

題言甲庚丙、丁辛巳、兩角等

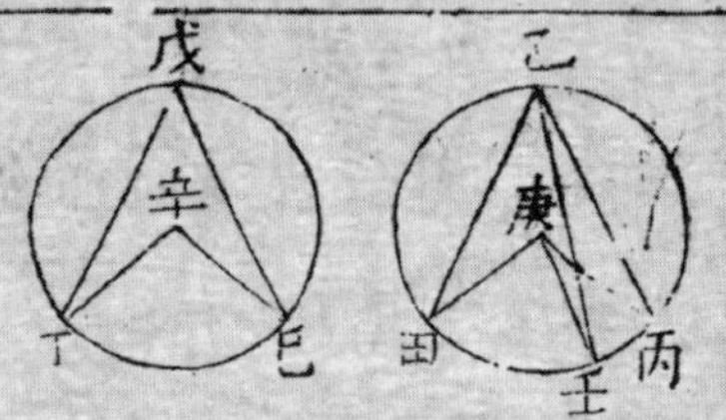

論曰。如云不然、而庚大于辛。令作甲庚壬角與丁辛巳角等。即甲壬圜分。宜與丁巳圜分等（本篇廿六）而甲丙與丁巳元等。則甲壬與甲丙亦等乎

後解在界者、曰。甲丙、丁巳、兩圜分等。題言其上乙、戊、兩角亦等

論曰。如云不然、而乙大于戊。令作甲乙壬角。與戊角等。其甲乙壬、與丁戊巳、若等。即所乘之甲壬、丁巳、宜等（本篇）

廿六 而甲丙與丁巳元等。則甲壬與甲丙亦等乎

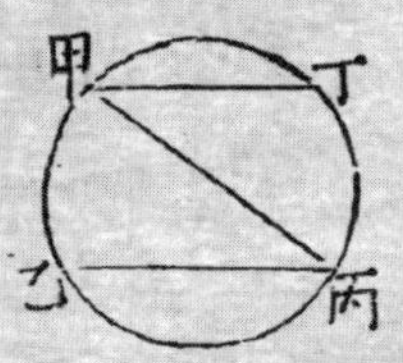

增題。從此推顯兩直線不相交而在一圜之內。若兩線界相去之圜分等。則兩線必平行。若兩線平行。則兩線界相去之圜分等

先解曰。甲乙丙丁圜內有甲丁、乙丙兩線。其相去之甲乙、丁丙兩圜分等。題言兩線必平行

論曰。試自甲至丙作直線相聯。其甲乙、丁丙既等。即甲丙乙與丙甲丁兩乘圜角亦等本題 既內相對之兩角等。即兩線必平行 一卷 廿七

後解曰甲丁、乙丙、爲平行線題言甲乙丁丙兩圜分必等

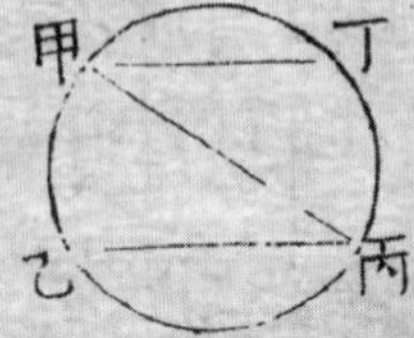

論曰。試作甲丙線。其甲丁、乙丙、旣平行。即內相對之兩角甲丙乙、丙甲丁、必等一卷廿七而所乘圜分甲乙丁丙、亦等本篇廿六

第二十八題

等圜內之直線等。則其割本圜之分。大與大。小與小。各等

解曰。甲乙丙、丁戊巳、兩圜等。其心爲庚爲辛。圜內有甲丙、丁巳、兩直線等。題言甲乙丙、與丁戊巳、兩大分。甲丙、與丁巳、兩小分。各等

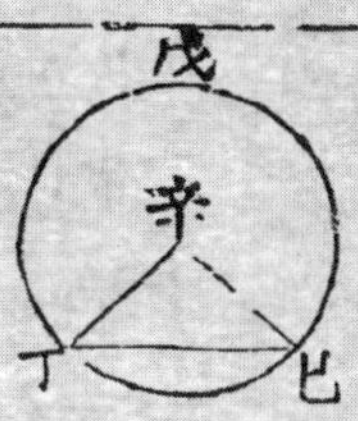

論曰。試于甲庚庚丙、丁辛辛巳、各作直線。其甲庚丙角形之甲丙。與丁辛巳角形之丁巳。兩底既等。而甲庚庚丙兩腰。與丁辛辛巳兩腰又等。卽庚辛兩角亦等一卷八其所乘之甲丙丁巳兩小分必等本篇廿六次減相等之甲丙、丁巳、兩小分。則所存甲乙丙、丁戊巳、兩大分亦等

第二十九題

等圜之圜分等。則其割圜分之直線亦等

解曰。依前題、兩圜之甲乙丙、丁戊巳兩圜分等。而甲丙、丁巳兩圜分亦等。

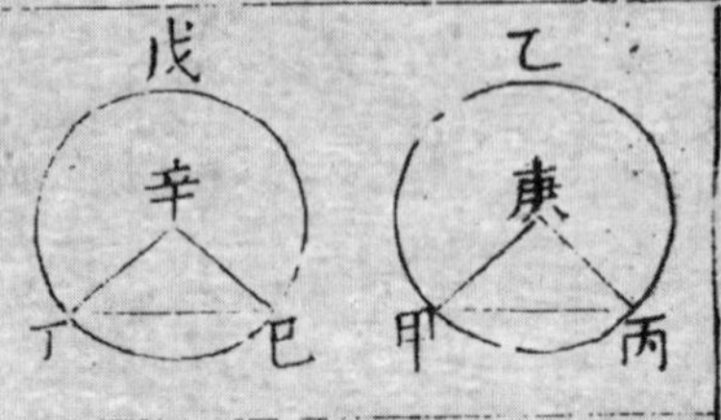

題言甲丙丁巳、兩線必等

論曰。依前題作四線。其甲庚丙角形之甲庚庚丙、兩腰、與丁辛巳角形之丁辛辛巳、兩腰等。而庚辛、兩角所乘之甲丙丁巳、兩圜分等。即庚辛、兩角亦等本篇廿七而對等角之甲丙、丁巳、兩線必等一卷四

注曰。第二十六至二十九、四題所說俱等圜。其在同圜。亦依此論

第三十題

有圜之分。求兩平分之

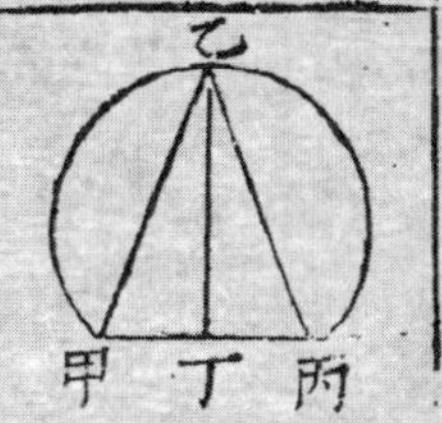

法曰。甲乙丙圜分。求兩平分。先于分之兩界。作甲丙線。次兩平分于丁。從丁作乙丁。爲甲丙之垂線。卽乙丁分甲乙丙圜分爲兩平分。

論曰。從乙作乙甲、乙丙、兩線。其甲乙丁角形之甲丁。與丙乙丁角形之丙丁。兩腰等。丁乙同腰。而甲丁乙、與丙丁乙。兩直角又等。卽對直角之甲乙、乙丙、兩底亦等一卷四而甲乙、與乙丙、兩圜分亦等本篇十八則甲乙丙圜界。兩平分于乙矣。

第三十一題五支

負半圜角。必直角。負大分角。小于直角。負小分角。大于直

角大圓分角大于直角小圓分角小于直角

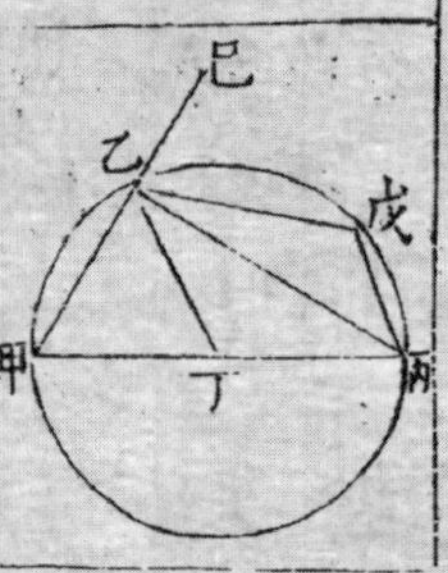

解曰甲乙丙圜其心丁其徑甲丙于半圜分內任作甲乙丙角形即甲乙丙角負甲乙丙半圜分乙甲丙角負乙甲丙大分又任作乙戊丙角負乙戊丙小分題先言負半圜之甲乙丙爲直角二言負大分之乙甲丙角小于直角三言負小分之乙戊丙角大于直角四言丙乙甲大圜分角大于直角後言丙乙戊小圜分角小于直角

先論曰試作乙丁線次以甲乙線引長之至巳其丁乙丁甲兩線等即丁乙甲丁甲乙兩角等一卷五依顯丁乙

丙、丁丙乙、兩角亦等。而甲乙丙全角。與乙甲丙、甲丙乙、兩角并等。又巳乙丙外角。亦與相對之乙甲丙、甲丙乙、兩内角并等（一卷卅二）則巳乙丙、與甲乙丙等。爲直角

二論曰。甲乙丙角形之甲乙丙既爲直角。則乙甲丙小于直角（一卷十七）

三論曰。甲乙戊丙四邊形。在圜之内。其乙甲丙、乙戊丙、相對兩角并等兩直角（本篇廿二）而乙甲丙小于直角。則乙戊丙、大于直角

四論曰。甲乙丙直角。爲丙乙甲大圜分角之分。則大于直角

後論曰丙乙戊小圜分角爲巳乙丙直角之分則小于直角

此題別有四解四論先解曰甲乙丙半圜其心丁其上任作甲乙丙角題言此爲直角

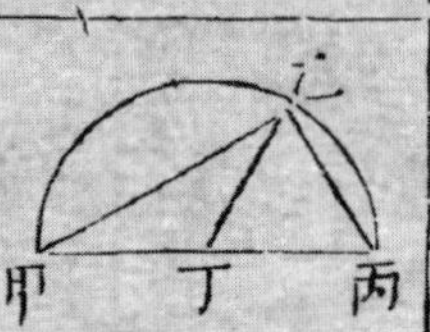

論曰試作乙丁線其丁乙丁甲兩線既等即丁乙甲丁甲乙兩角亦等（一卷五）而乙丁丙外角既與丁乙甲丁甲乙相對之兩內角幷等（一卷卅二）即倍大于丁乙甲角依顯乙丁甲外角亦倍大于丁乙丙角即乙丁甲乙丁丙兩角幷亦倍大于甲乙丙角夫乙丁甲乙丁丙幷等兩直角（一卷十三）則甲乙丙爲直角

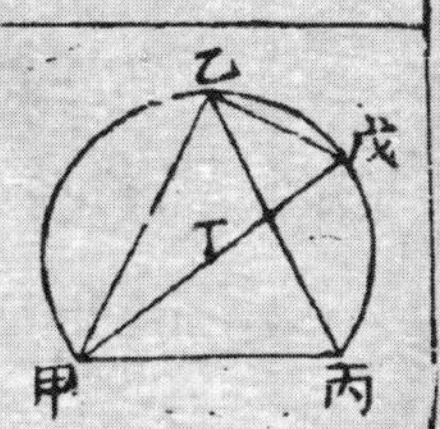

二解曰。甲乙丙大圜分。其心丁。任作甲乙丙角。題言此小于直角

論曰。試作甲丁戊徑線。次作乙戊線相聯。其甲乙戊。既爲直角（本題一論）。卽甲乙丙爲其分。而小于直角

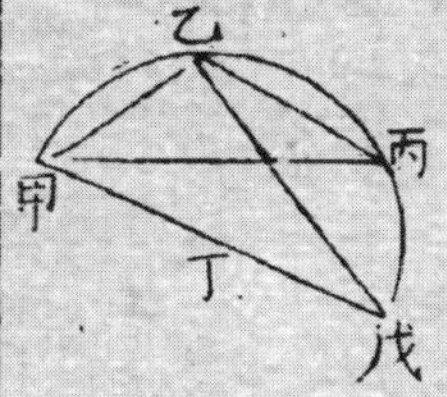

三解曰。甲乙丙小圜分。其心丁。任作甲乙丙角。題言此大于直角

論曰。試作甲丁戊徑線。而引乙丙圜界至戊。次作乙戊線。其甲乙戊既負半圜之直角。而爲甲乙丙角之分。則甲乙丙大于直角

四、五合解曰。甲乙丙大圜分。丙丁甲小圜分。其心戊。題

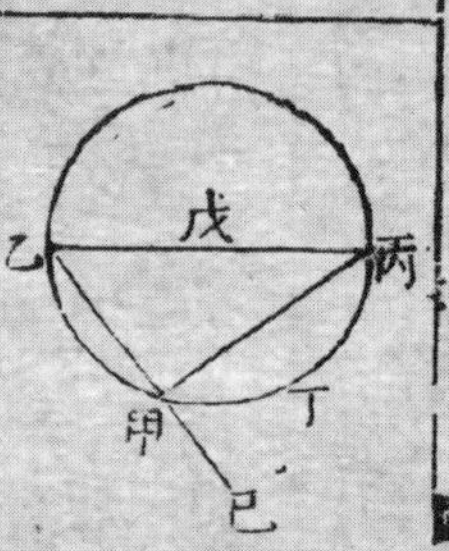

言丙甲乙大圜分角大于直角丙甲丁小
圜分角小于直角
論曰試作乙戊丙徑線次作乙甲線引長
之至巳其乙甲丙直角爲丙甲乙大圜分角之分而丙
甲丁小圜分角又爲巳甲丙直角之分則大分角大于
直角小分角小于直角
一系凡角形之內一角與兩角并等其一角必直角何
者其外角與內相對之兩角等則與外角等之內交角
豈非直角
二系大分之角大于直角小分之角小于直角終無有

角等于直角。又從小過大，從大過小，非大即小，終無相等。依此題四五論甚明。與本篇十六題增注互相發也。

第三十二題

直線切圜，從切界任作直線割圜爲兩分，分內各任爲負圜角，其切線與割線所作兩角，與兩負圜角交互相等。

解曰：甲乙線切丙丁戊圜于丙，從丙任作丙戊直線，割圜爲兩分。兩分內任作丙丁戊、丙庚戊兩負圜角。題言甲丙戊角與丙庚戊角，乙丙戊角與丙丁戊角，交互相等。

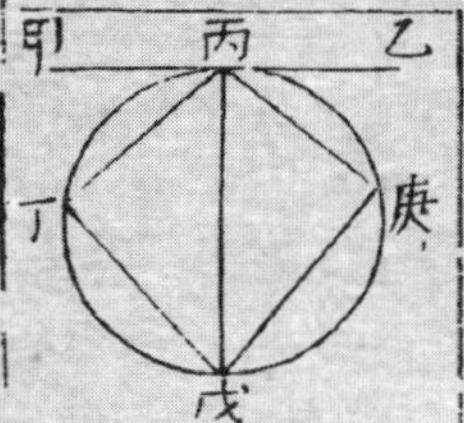

先論割圜線過心者。曰：如前圖甲丙戊、乙丙

戊、兩皆直角（一卷十八）而丙庚戊、丙丁戊、兩負半圜角、亦皆直角（本篇卅一）則交互相等

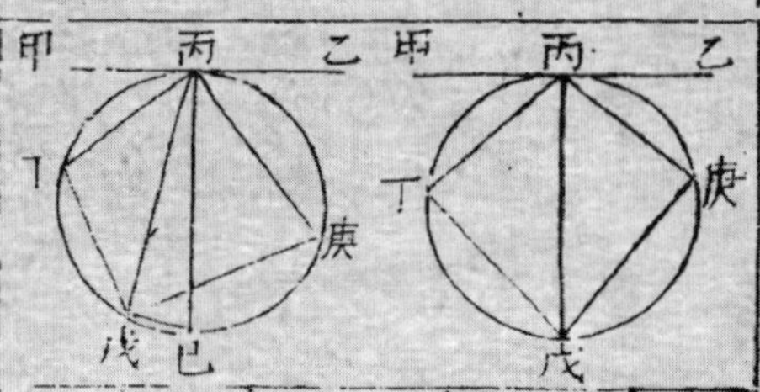

後論割圜線不過心者、曰。如後圖。試作丙巳過心直線。次作戊巳線相聯。其巳丙爲甲乙之垂線（一卷十八）而丙戊巳爲直角（本篇卅一）即戊丙巳戊巳丙兩角幷。等于一直角。亦等于甲丙巳角矣。此兩率者。各減同用之戊丙巳角。即所存戊巳丙與甲丙戊等也。夫戊巳丙與丙庚戊元等（本卷廿一）則甲丙戊與丙庚戊交互相等。又丙丁戊庚四邊形之丙丁戊、丙庚戊、兩對角幷。等兩直角（本篇廿二）而甲丙戊乙丙戊

兩交角亦等兩直角（一卷十三）此二率者各減一相等之甲丙戊丙庚戊則所存丙丁戊乙丙戊亦交互相等

第三十三題

一線上求作圜分而負圜分角與所設直線角等

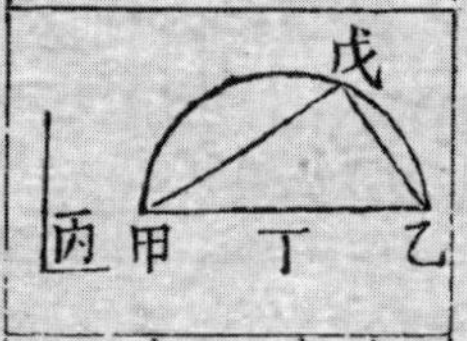

先法曰設甲乙線丙角求線上作圜分而負圜分角與丙等其丙角或直或銳或鈍若直角先以甲乙兩平分於丁次以丁爲心甲乙爲界作半圜圜分內作甲戊乙角即負半圜角爲直角（本篇卅一）如所求

次法曰若設丙銳角先于甲點上作丁甲乙銳角與丙

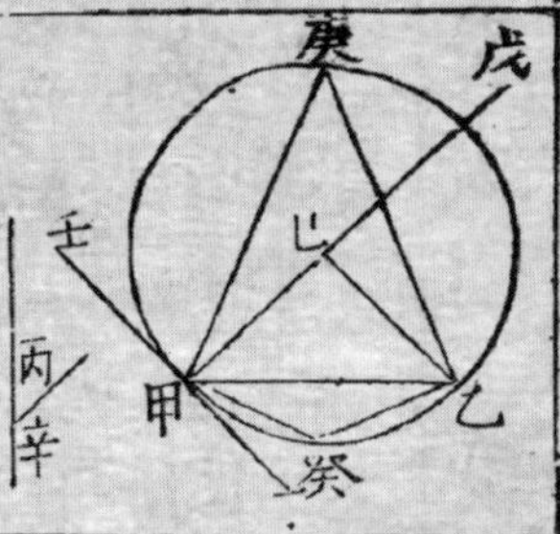

等。次作戊甲、爲甲丁之垂線，于甲乙之上次作巳乙甲角，與巳甲乙角等。而乙巳線與甲戊線遇于巳。卽巳乙、巳甲、兩線等一卷六末以巳爲心，甲爲界，作甲庚圜，必過乙。卽甲庚乙圜分內，甲乙線上所作負圜角，必爲銳角，而與丙等

論曰：試作甲庚乙角，其甲巳戊線，過巳心，而丁甲又爲戊甲之垂線，卽丁甲線切甲庚乙圜于甲本篇十六之系則丁甲乙、與甲庚乙、兩角交互相等本篇卅二如所求

後法曰：若設辛鈍角，依前作壬甲乙鈍角，與辛等。次作

戊甲、爲壬甲之垂線。餘倣第二法。而于甲乙線上、作甲癸乙角。卽與辛等

後論同次

第三十四題

設圜。求割一分。而負圜分角。與所設直線角等

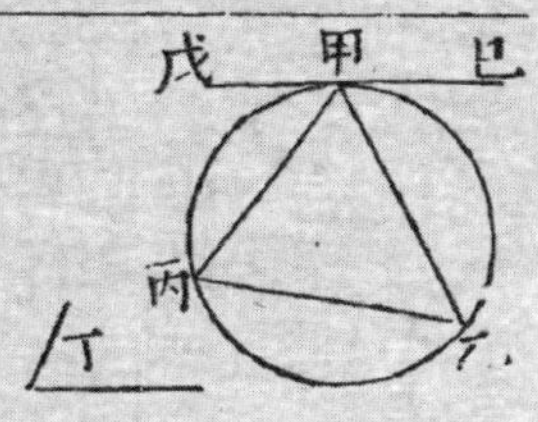

法曰。設甲乙丙圜。求割一分。而負圜分角。與丁等。先作戊巳直線。切圜于甲（本篇十七）次作巳甲乙角。與丁等。卽割圜之甲乙線上、所作甲丙乙角。負甲丙乙圜分、而與丁等。何者。巳甲乙角、與丁等。亦與甲丙乙交互相等故（本篇卅二）

第三十五題

圜內兩直線交而相分各兩分線矩內直角形等

解曰甲丙乙丁圜內有甲乙丙丁兩線交而相分于戊題言甲戊偕戊乙與丙戊偕戊丁兩矩內直角形等其兩線或俱過心或一過心一不過心或俱不過心若俱過心者其各分四線等即兩矩內直角形亦等

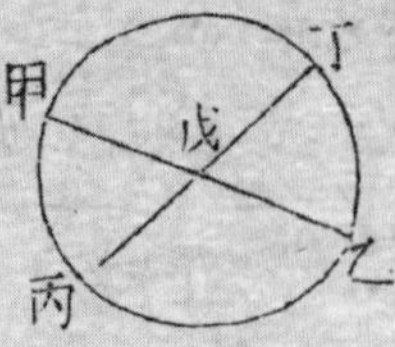

先論曰圜內線獨丁過巳心者又有二種其一丙丁平分甲乙線于戊即丙戊線在甲乙上為兩直角三本篇試作巳乙線相聯其丙

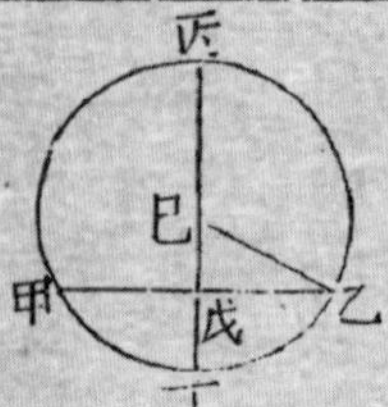

丁線。既兩平分于巳。又任兩分于戊。即丙戊偕戊丁、矩內直角形、及巳戊上直角方形并。與等巳丁之巳乙上直角方形等二卷五夫巳乙上直角方形。與巳戊戊乙上兩直角方形并、等一卷四七即丙戊偕戊丁、矩內直角形、及巳戊上直角方形并。與巳戊戊乙上兩直角方形并亦等矣。次每減同用之巳戊上直角方形。則所存丙戊偕戊丁、矩內直角形。不與戊乙上直角方形等乎。戊乙與甲戊既等。即甲戊偕戊乙、矩內直角形。與丙戊偕戊丁、矩內直角形、亦等

次論曰。若丙丁任分甲乙線于戊。即以甲乙線、兩平分

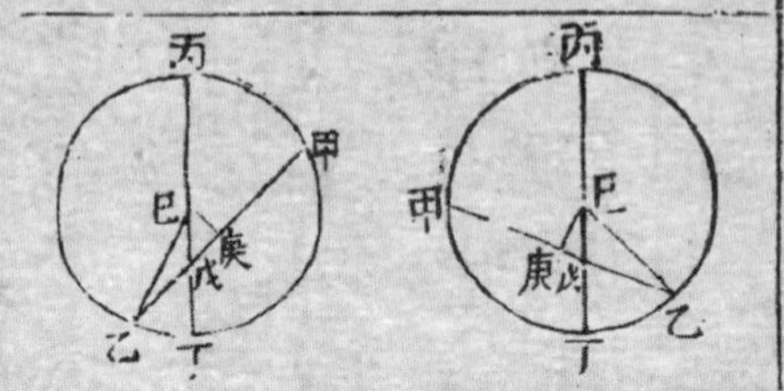

于庚。次于庚巳、巳乙、各作直線相聯。卽巳庚爲甲乙之垂線。而丙戊兩直角。本篇三 其丙戊偕戊丁、矩內直角形、及巳戊上直角方形、幷。與等巳丁之巳乙上直角方形等 二卷五 而巳戊上直角方形。與巳庚庚戊上兩直角方形幷等 一卷四七 巳乙上直角方形。與巳庚庚乙上兩直角方形幷、亦等。則丙戊偕戊丁、矩內直角形、及巳庚庚戊上兩直角方形幷。與巳庚庚乙上兩直角方形幷、等。次每減同用之巳庚上直角方形。卽所存丙戊偕戊丁、矩內直角形、及庚戊上直角方形。不與庚乙上直角

方形等乎。夫甲戊偕戊乙矩內直角形、及庚戊上直角方形并。亦與庚乙上直角方形等二卷五此二相等率者每減同用之庚戊上直角方形。則丙戊偕戊丁。與甲戊偕戊乙兩矩內直角形等矣

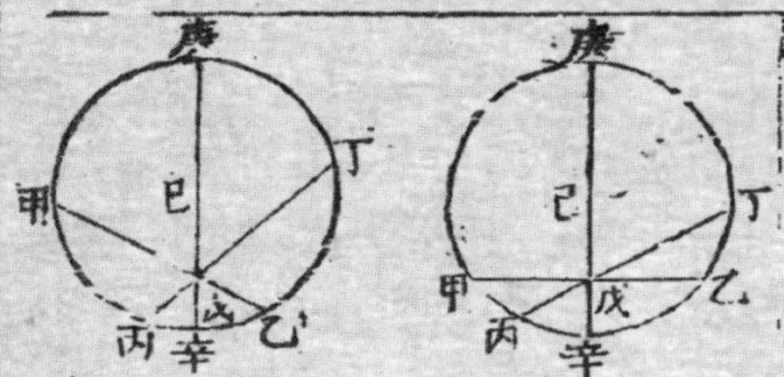

後論曰。圜內兩線俱不過心者。又有二種。或一線平分。或兩俱任分。皆從巳心、與戊相聯作直線、引長之為庚辛線。依上論甲戊偕戊乙、矩內直角形。不論甲乙線平分、任分。皆與過心之庚戊偕戊辛矩內直角形等。又依上論丙戊偕戊丁、矩內直角形。不論丙丁線平

卷三　四十

分任分亦與過心之庚戊偕戊辛矩內直角形等則甲戊偕戊乙與丙戊偕戊丁兩矩內直角形等

第三十六題

圜外任取一點從點出兩直線一切圜一割圜其割圜之全線偕規外線矩內直角形與切圜線上直角方形等

解曰甲乙丙圜外任取丁點從丁作丁乙線切圜于乙作丁甲線（本篇十七）截圜界于丙題言甲丁偕丙丁矩內直角形與丁乙上直角方形等

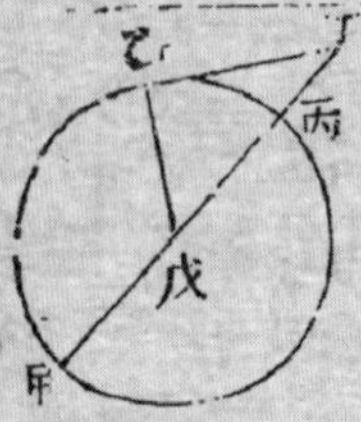

先論丁甲過戊心者曰試作乙戊線為丁乙之垂線（本篇十八）其甲丙線平分于戊又引出一

丙丁線、即甲丁偕丙丁、矩內直角形、及等戊丙之戊乙上直角方形幷、與戊丁上直角方形等二卷六而戊丁上直角方形、與戊乙、丁乙、上兩直角方形幷等一卷四七即甲丁偕丙丁、矩內直角形、及戊乙上直角方形、與戊乙、丁乙、上兩直角方形幷、等。此兩率者、每減同用之戊乙上直角方形、則所存甲丁偕丙丁、矩內直角形、與丁乙上直角方形等

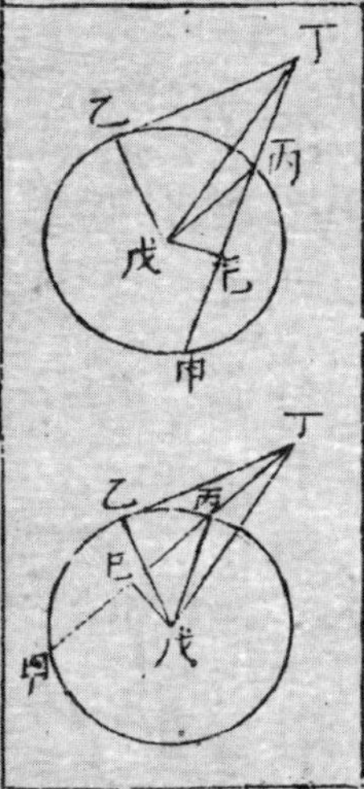

後論丁甲不過戊心者曰、試以甲丙線、兩平分于巳、次從戊心、作戊巳、戊丙、戊丁、戊乙、四線、即

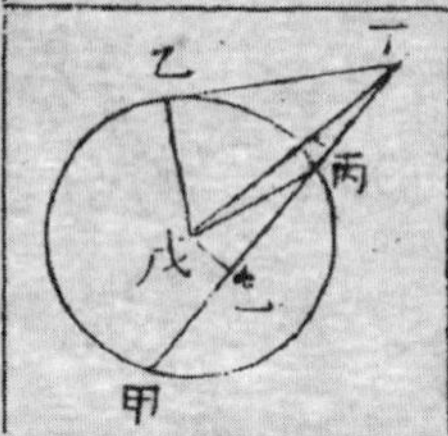

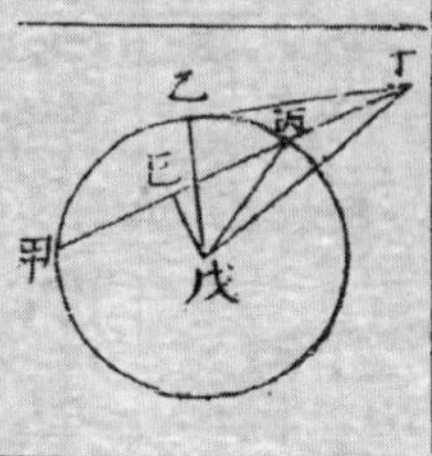

戊乙爲丁乙之垂線（本篇十八）戊巳爲甲丙之垂線（本篇三）其甲丙線既兩平分于巳又引出一丙丁線即甲丁偕丁丙矩內直角形及巳丙上直角方形并與巳丁上直角方形等（二卷六）次每加一戊巳上直角方形即甲丁偕丁丙矩內直角形及巳丙戊巳上兩直角方形并與巳丁戊巳上兩直角方形并等夫巳丙戊巳上兩直角方形并與等戊丙之戊乙上直角方形等（一卷四七）而戊丁上直角方形與巳丁戊巳上兩直角方形并等即甲丁偕丁丙矩內直角形及戊乙上直角方形與戊丁上

直角方形等矣。又戊丁上直角方形。與戊乙、丁乙、上兩直角方形并等。即甲丁偕丁丙、矩內直角形、及戊乙上直角方形并。與戊乙、丁乙、上兩直角方形并等。次每減同用之戊乙上直角方形。則所存甲丁偕丁丙、矩內直角形。與丁乙上直角方形等

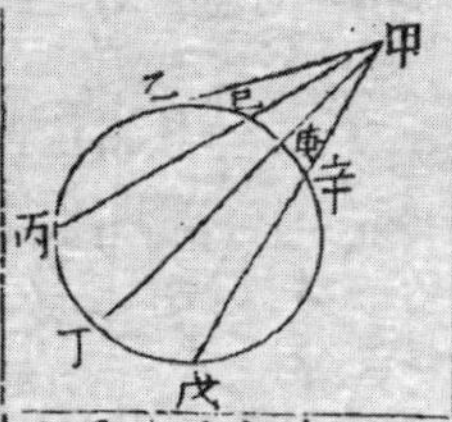

一系若從圜外一點、作數線至規內、各全線偕規外線、矩內直角形。俱等。如從甲、作甲丙、甲丁、甲戊、各線。截圜界于己、于庚、于辛。其甲丙偕己甲。甲丁偕庚甲。甲戊偕辛甲。各矩內直角形、俱等。何者。試作甲乙切圜線。則各矩線內直角形。與甲乙

上直角方形俱等故本題

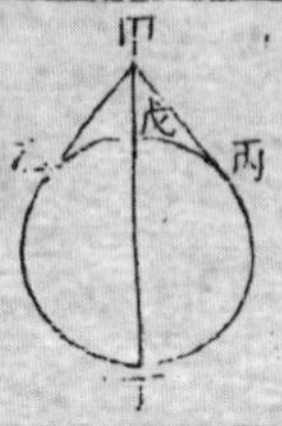

二系。從圓外一點。作兩直線切圓。此兩線等。

如甲點作甲乙、甲丙兩切圓線。卽甲丙與甲

乙等。何者。試從甲作甲丁線。截圓界于戊。其

甲乙、甲丙上兩直角方形。各與甲丁偕甲戊矩內直角

形等本題則此兩直角方形自相等

三系。從圓外一點。止可作兩直線切圓。若言

從甲既作甲乙、甲丙兩線切圓。又可作甲丁

線亦切圓。令從戊心作戊乙、戊丁、兩線。卽甲

乙戊為直角。而甲丁戊亦宜等為直角本篇十八試作甲戊

直線則甲乙戊角形內有甲丁戊角應大于甲乙戊角一卷卅一安得為直角也又甲乙甲丁若俱切圜即兩線宜等本題三系試作甲戊線截圜于巳則甲丁為近巳線甚小當小于遠巳之甲乙線八本篇又安得相等也故一點上止可作切圜線兩也

第三十七題

圜外任于一點出兩直線一至規外一割圜至規內而割圜全線偕割圜之規外線矩內直角形與至規外之線上直角方形等則至規外之線必切圜

解曰甲乙丙圜其心戊從丁點作丁乙至規外之線遇

圜界于乙。又作丁甲割圜至規內之線。而截圜界于丙。其丁甲偕丁丙、矩內直角形。與丁乙上直角方形等。題言丁乙爲切圜線。

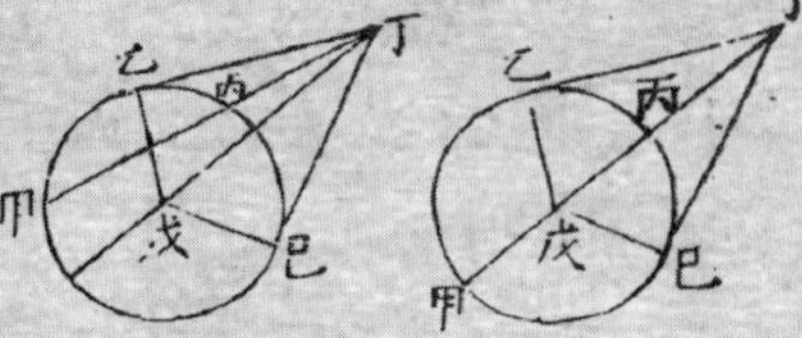

論曰。試從丁、作丁己線。切圜于己（本篇十七）次作戊乙、戊己兩線相聯。若丁甲不過戊心者。又作丁戊直線。其丁己上直角方形。與丁甲偕丁丙、矩內直角形等（本篇卅六）而丁乙上直角方形。與丁甲偕丁丙、矩內直角形亦等。則丁乙、丁己上兩直角方形自相等。而丁乙、丁己兩線亦等。夫丁乙戊角形之丁乙、乙戊。與丁己戊角形之丁己、己戊。各兩腰等。丁戊同底。

即兩角形之三角各等一卷八而對丁戊底之丁巳戊爲直角本篇十八即丁乙戊亦直角。故丁乙爲切圜線本篇十六之系

幾何原本第三卷終

幾何原本第四卷之首

泰西利瑪竇口譯
吳淞徐光啓筆受

界說七則

第一界

直線形。居他直線形內。而此形之各角。切他形之各邊。爲形內切形

此卷將論切形在圜之內、外。及作圜在形之內、外。故解形之切在形內、及切在形外者。先以直線形爲例。如前圖丁戊巳角形之丁、戊、巳、三角。切

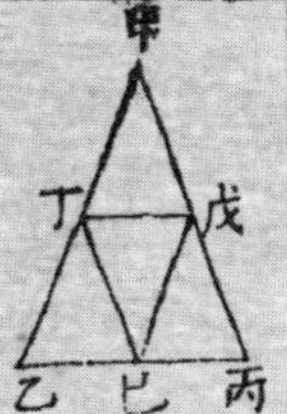

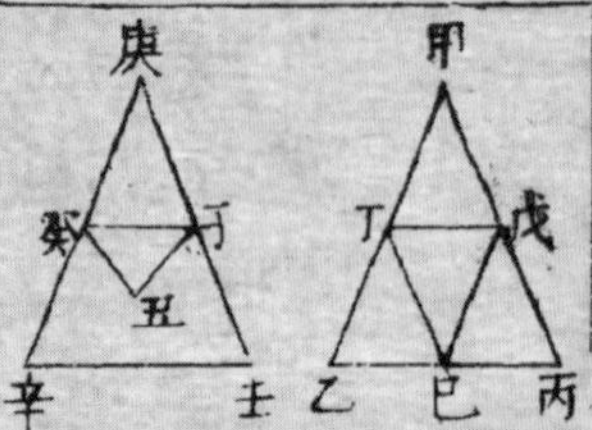

甲乙丙角形之甲乙、乙丙、丙甲、三邊則。丁戊巳爲甲乙丙之形内切形。如後圖癸子丑角形。雖癸子、兩角切庚辛壬角形之庚辛、壬庚兩邊而丑角不切辛壬邊。則癸子丑不可謂庚辛壬之形内切形

第二界

一直線形。居他直線形外。而此形之各邊切他形之各角。爲形外切形

如第一界圖甲乙丙爲丁巳戊之形外切形　其餘各形倣此二例

第三界

直線形之各角切圜之界爲圜內切形

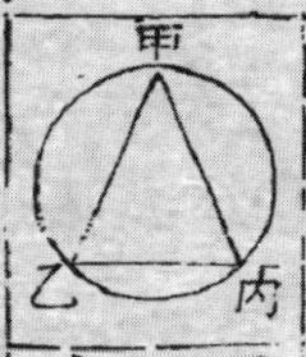

甲乙丙形之三角各切圜界于甲于乙于丙是也

第四界

直線形之各邊切圜之界爲圜外切形

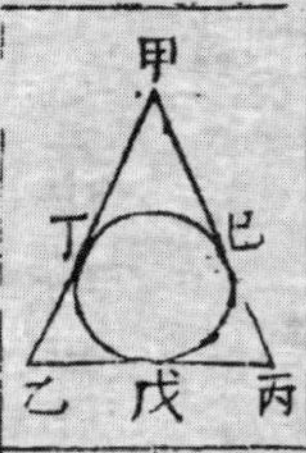

甲乙丙形之三邊切圜界于丁于巳于戊是也

第五界

圜之界切直線形之各邊爲形內切圜

同第四界圖

第六界

圜之界切直線形之各角爲形外切圜

同第三界圖

第七界

直線之兩界各抵圜界爲合圜線

甲乙線兩界各抵甲乙丙圜之界爲合圜線若丙抵圜而丁不至及戊之兩俱不至不爲合圜線

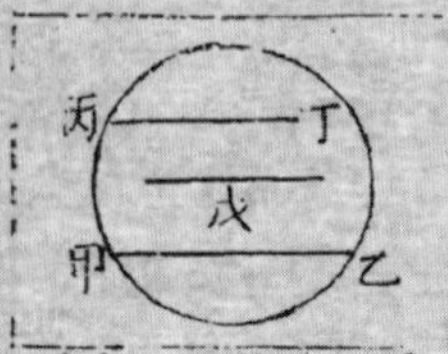

幾何原本第四卷之首終

幾何原本第四卷　本篇論圜内外形　計十六題

泰西利瑪竇口譯
吳淞徐光啓筆受

第一題

有圜求作合圜線與所設線等此設線不大于圜之徑線

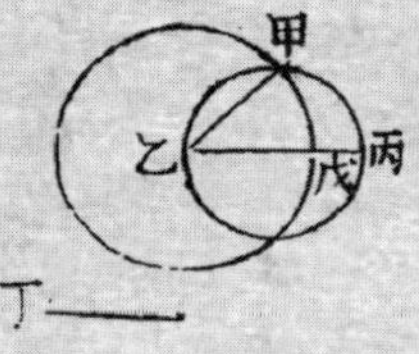

法曰甲乙丙圜求作合線與所設丁線等其丁線不大于圜之徑線徑爲圜内之最大線更大不可合見三卷十五先作甲乙圜徑爲乙丙若乙丙與丁等者即是合線若丁小于徑者即于乙丙上截取乙戊與丁等次以乙爲心戊爲界作甲戊圜交甲乙丙圜于甲末

作甲乙合線。即與丁等。何者。甲乙與乙戊等。則與丁等

第二題

有圜求作圜內三角切形。與所設三角形等角

法曰。甲乙丙圜。求作圜內三角切形。其三角、與所設丁戊巳形之三角、各等。先作庚辛線切圜于甲（三卷十七）次作庚甲乙角。與設形之巳角等。次作辛甲丙角。與設形之戊角等。末作乙丙線。即圜內三角切形。與所設丁戊巳形等角

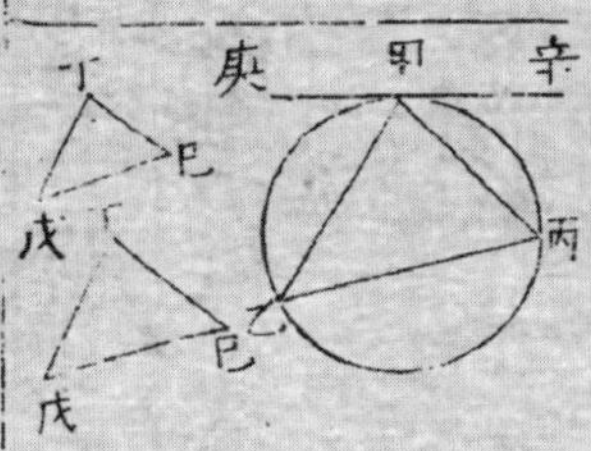

論曰。甲丙乙、與庚甲乙、兩角等。甲乙丙、與辛甲丙、兩角亦等（三卷卅二）而庚甲乙、辛甲丙、兩角。既與所設巳戊、兩角、

各等。卽甲丙乙、甲乙丙、亦與巳戊、各等。而乙甲丙、必與丁等（一卷卅二）則三角俱等

第三題

有圜求作圜外三角切形。與所設三角形等角

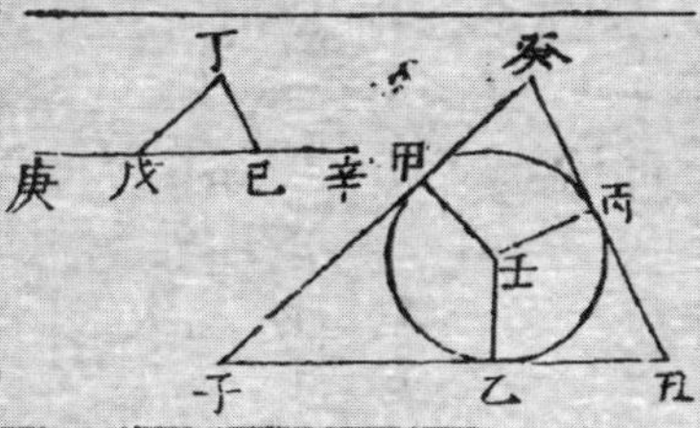

法曰。甲乙丙圜。求作圜外三角切形。其三角。與所設丁戊巳形之三角各等。先于戊巳一邊引長之。爲庚辛。次于圜界抵心。作甲壬線。次作甲壬乙角。與丁戊庚等。次作乙壬丙角。與丁巳辛等。末于甲、乙、丙、上作癸子、子丑、丑癸、三垂線。此三線各切圜于甲、于乙、于丙（三卷十六之系）而相

遇于子、于丑、于癸若作甲丙線、即癸甲丙、癸丙甲、兩角、小于兩直角、而子癸、丑癸、兩線必相遇、餘二倣此此癸子、丑、三角與所設丁戊己三角各等

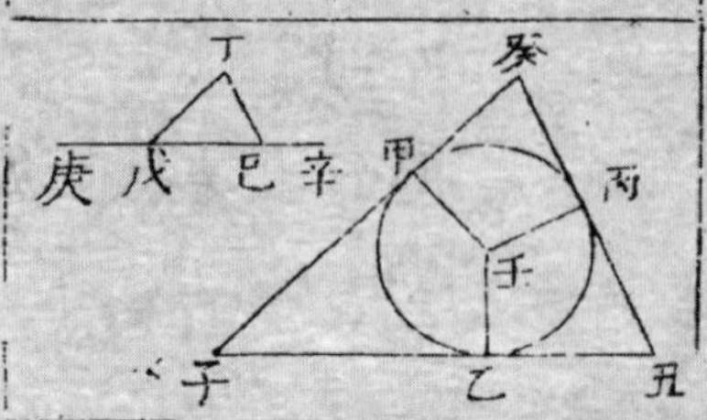

論曰甲壬乙子四邊形之四角與四直角等一卷卅二題內而壬甲子、壬乙子、兩為直角、即甲壬乙、甲子乙兩角并、等兩直角、彼丁戊庚、丁戊己兩角并亦等兩直角一卷十三此二等率者、每減一相等之丁戊庚甲壬乙、則所存丁戊己、與甲子乙等、依顯丑角、與丁己戊等、則癸與丁亦等一卷卅二而癸子丑、與丁戊己、兩形之各三角俱等

第四題

三角形。求作形內切圜

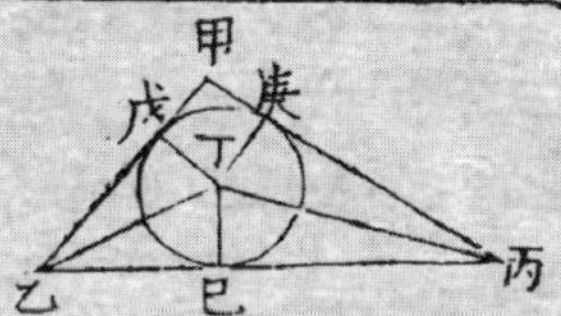

法曰。甲乙丙角形。求作形內切圜。先以甲乙丙角、甲丙乙角。各兩平分之（一卷九）作乙丁、丙丁、兩直線。相遇于丁。次自丁至角形之三邊。各作垂線。爲丁巳、丁庚、丁戊。其戊丁乙角形之丁戊乙、丁乙戊、兩角。與乙丁巳角形之丁巳乙、丁乙巳、兩角。各等。乙丁同邊。卽丁戊、丁巳、兩邊亦等（一卷廿六）依顯丁丙巳角形與丁庚丙角形、之丁巳、丁庚、兩邊亦等。卽丁戊、丁巳、丁庚、三線俱等。末作圜。以丁爲心。戊爲界。卽過庚巳

爲戊庚巳圜而切角形之甲乙、乙丙、丙甲、三邊于戊、于巳、于庚（三卷十六之系）此爲形内切圜

第五題

三角形。求作形外切圜

法曰。甲乙丙角形。求作形外切圜。先平分兩邊（若形是直角鈍角。則分直角鈍角之兩旁邊）于丁、于戊。次于丁、戊上各作垂線。爲巳丁、巳戊。而相遇于巳（若自丁至戊作直線。即巳丁戊角形之巳丁戊、巳戊丁、兩角。小于兩直角。故丁巳、戊巳、兩線必相遇）其巳點。或在形内。或在形外。俱作巳甲、巳乙、巳丙、三線。或在乙丙邊上。止作巳甲線。其

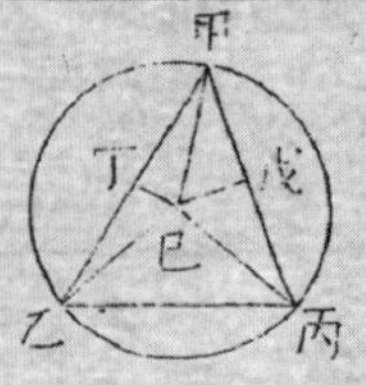

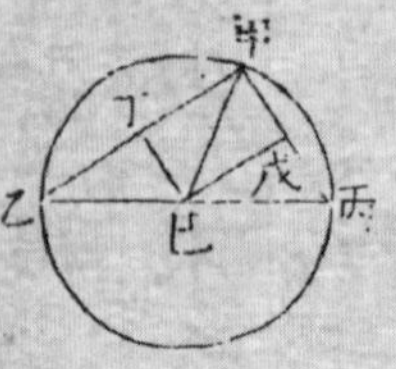

甲丁巳角形之甲丁。與乙丁巳角形之乙丁。兩腰等。丁巳同腰。而丁之兩旁角、俱直角。即

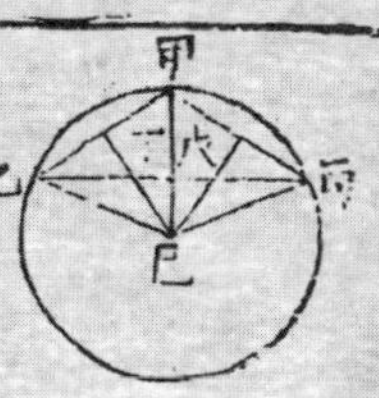

甲巳、巳乙、兩底必等一卷四 依顯甲巳戊丙巳戊兩形之甲巳、巳丙、兩底亦等。則巳甲、巳乙、巳丙、三線俱等。末作圜以巳為心。甲為界。必切丙乙。而為角形之形外切圜

一系。若圜心在三角形內。即三角形為銳角形。何者。每角在圜大分之上故。若在一邊之上。即為直角形。若在形外。即為鈍角形

二系。若三角形為銳角形。即圜心必在形內。若直角形。

必在一邊之上。若鈍角形。必在形外

增。從此推得一法。任設三點。不在一直線。可作一過

三點之圜。其法先以三點作三直線相聯。成三角形。

次依前作

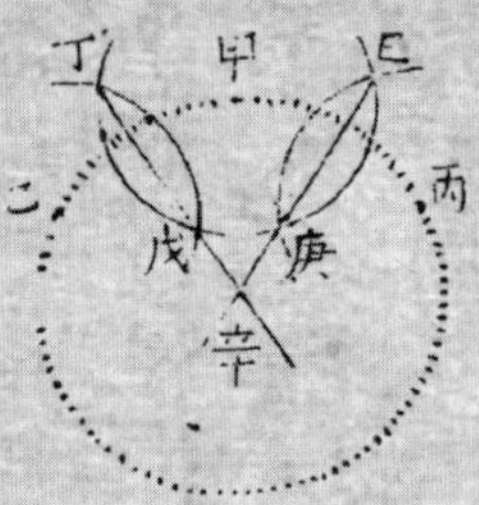

其用法。甲、乙、丙、三點。先以甲、乙兩點各自爲心。相向各任作圜分。令兩圜分相交于丁、于戊。次甲、丙兩點亦如之。令兩圜分相交于巳、于庚。末作丁戊、巳庚兩線各引長之。令相交于辛。即辛爲圜之心　論見三卷二十五增

第六題

有圜求作內切圜直角方形

法曰甲乙丙丁圜其心戊求作內切圜直角方形先作甲丙乙丁兩徑線以直角相交于戊次作甲乙乙丙丙丁丁甲四線即甲乙丙丁為內切圜直角方形

論曰甲乙戊角形之甲戊與乙戊丙角形之戊丙兩腰等乙戊同腰而腰間角兩為直角即其底甲乙乙丙等（一卷四）依顯乙丙丙丁亦等則四邊形之四邊俱等而甲乙丙丁四角皆在半圜分之上又皆直角（三卷卅一）是為內

切圜直角方形

第七題

有圜，求作外切圜直角方形

法曰：甲乙丙丁圜，其心戊，求作外切圜直角方形。先作甲丙、乙丁兩徑線，以直角相交于戊，次于甲、乙、丙、丁作庚巳、巳辛、辛壬、壬庚四綫，爲兩徑之垂線，而相遇于巳、于辛、于壬、于庚，即巳庚壬辛，爲外切圜直角方形

論曰：甲戊乙、巳乙戊既皆直角，即巳辛、甲丙平行（一卷廿八）。依顯甲丙、庚壬亦平行，則巳庚、辛壬亦平行（一卷三十）。又甲

丙辛巳既直角形卽甲丙巳辛必等一卷卅四而甲丙辛甲巳辛兩角亦等甲丙辛既直角卽甲巳辛亦直角依顯庚壬辛亦直角而辛壬壬庚庚巳三邊俱等于甲丙乙丁兩徑既四邊俱等于兩徑則巳庚壬辛爲直角方形而四邊各切圜三卷十六之系

第八題

直角方形求作形內切圜

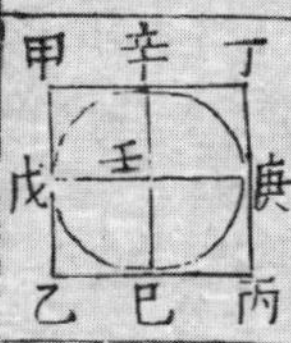

法曰甲乙丙丁直角方形求作形內切圜先以四邊各兩平分于戊于巳于庚于辛而作辛巳戊庚兩線交于壬其甲丁與乙丙既平行相等卽半減

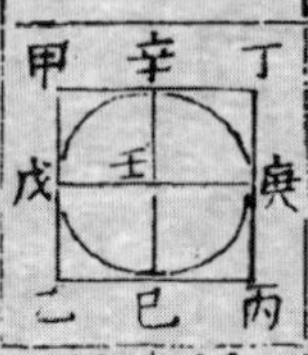

線之甲辛、乙巳。亦平行相等。而甲乙、與辛巳亦平行相等卅一三卷依顯丁丙與辛巳亦平行相等。而甲丁、乙丙、戊庚俱平行相等。而甲壬、乙壬、丙壬、丁壬、四俱直角形。壬戊、壬巳、壬庚、壬辛、四線與甲辛、戊乙、丁辛、甲戊、四線各等。夫甲辛、戊乙、丁辛、甲戊、各爲等線之半。即與之等者、壬戊、壬巳、壬庚、壬辛、亦自相等。次作圜以壬爲心。戊爲界。必過巳庚辛。而切甲丁、丁丙、丙乙、乙甲、四邊三卷十六是爲形內切圜

第九題

直角方形。求作形外切圜

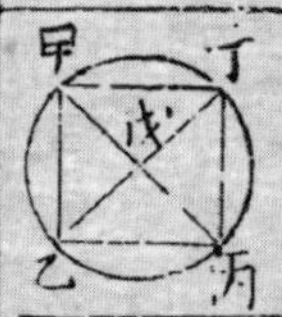

法曰。甲乙丙丁直角方形。求作外切圓。先作對角兩線。為甲丙、乙丁。而交于戊。其甲乙丁角形之甲乙、甲丁、兩腰等。即甲乙丁、甲丁乙、兩角亦等。一卷五而乙甲丁為直角。即甲乙丁、甲丁乙、俱半直角。一卷卅二依顯丙乙丁、丙丁乙、亦俱半直角。而四角俱等。又戊甲丁、戊丁甲、兩角等。即戊甲、戊丁、兩邊亦等一卷六依顯戊甲、戊乙、兩邊亦等。而戊乙、戊丙、兩邊、戊丙、戊丁、兩邊、各等次作圓。以戊為心。甲為界。必過乙丙丁。而為形外切圓

第十題

求作兩邊等三角形。而底上兩角。各倍大于腰間角

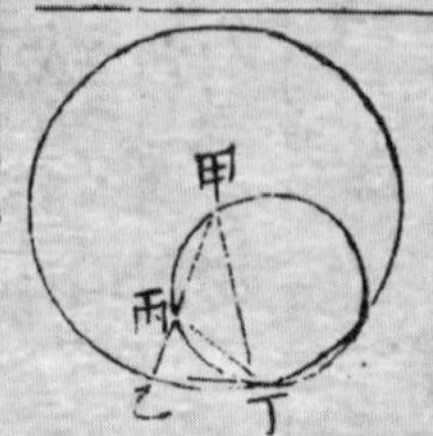

法曰先任作甲乙線次分之于丙其分法須甲乙偕丙乙矩內直角形與甲丙上直角方形等（二卷十一）次以甲為心乙為界作乙丁圜次作乙丁合圜線與甲丙等（本篇一）末作甲丁線相聯其甲乙甲丁等即甲乙丁為兩邊等角形而甲乙丁甲丁乙兩角各倍大于甲角

論曰試作丙丁線而甲丙丁角形外作甲丙丁切圜（本篇五）其甲乙偕丙乙矩內直角形與甲丙上直角方形等即亦與至規外之乙丁上直角方形等而乙丁線切甲丙丁圜于丁（三卷卅七）即乙丁切線偕丁丙割線所作乙丁

丙角與負丁甲丙圜分之甲角交互相等三卷卅二此二率者每加一丙丁甲角即甲丁乙全角與丙甲丁丙丁甲兩角并等夫乙丙丁外角亦與丙甲丁丙丁甲相對之兩内角等一卷卅二即乙丙丁角與甲丁乙全角等而與相等之甲乙丁亦等丙丁與乙丁兩線亦等一卷六夫乙丁元與甲丙等即丙丁與甲丙亦等丙甲丁丙丁甲兩角亦等而甲角既與乙丁丙角等即乙丁丙與丙丁甲兩角亦等是甲丁乙倍大于丙丁甲必倍大于相等之甲角也而相等之甲乙丁亦倍大于甲也

第十一題

有圜求作圜內五邊切形其形等邊等角

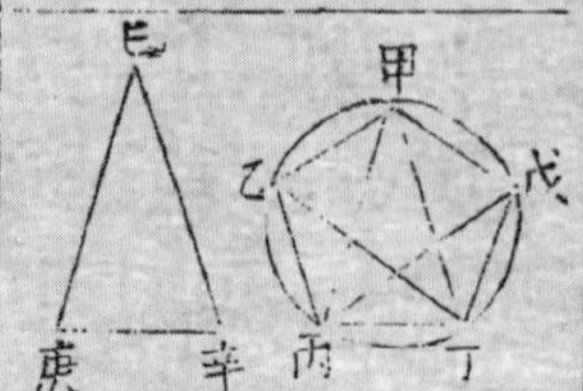

法曰甲乙丙丁戊圜求作五邊內切圜形等邊等角先作己庚辛兩邊等角形而庚辛兩角各倍大于己角（本篇十）次于圜內作甲丙丁角形與己庚辛角形各等角（本篇二）次以甲丙丁甲丁丙兩角各兩平分（一卷九）作丙戊丁乙兩線末作甲乙乙丙丙丁丁戊戊甲五線相聯即甲乙丙丁戊爲五邊內切圜形而五邊五角俱自相等

論曰甲丙丁甲丁丙兩角皆倍大于丙甲丁角而兩角又平分即甲丁乙乙丁丙丙甲丁丁丙戊戊丙甲五角

皆等。而五角所乘之甲乙、乙丙丙丁、丁戊戊甲、五圜分亦等（三卷廿六）即甲乙、乙丙丙丁、丁戊戊甲、五線亦等（三卷廿九）是五邊形之五邊等。又甲乙、戊丁、兩圜分等。而各加一乙丙丁圜分。即甲乙丙丁、與戊丁丙乙、兩圜分等。乘兩圜分之甲戊丁、乙甲戊、兩角亦等。依顯餘三角、與兩角俱等。是五邊形之五角等

第十二題

有圜求作圜外五邊切形。其形等邊等角

法曰。甲乙丙丁戊圜。求作五邊外切圜形。等邊等角。先作圜內甲乙丙丁戊五邊等邊等角切形（本篇十一）次從己

心作巳甲巳乙巳丙巳丁巳戊五線次從此五線作庚辛辛壬壬癸癸子子庚五垂線相遇于庚于辛于壬于癸于子庚戊甲庚甲辰兩角小于兩直

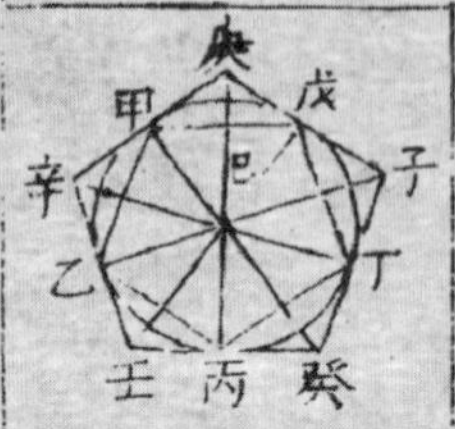

角故甲庚戊庚線必相遇餘四倣此五垂線旣切圜三卷十六即成外切圜

五邊形而等邊等角

論曰試從巳心作巳庚巳辛巳壬巳癸巳子五線其巳甲甲辛上兩直角方形巳乙乙辛上兩直角方形之兩幷各與巳辛上直角方形等一卷四七即兩幷自相等此兩幷率者每減一相等之甲巳巳乙上直角方形即所存甲辛辛乙上兩直角方形等則甲辛辛乙兩線等也又

甲巳辛角形之甲巳與乙巳辛角形之乙巳兩腰等巳辛同腰而甲辛辛乙兩底又等即甲巳辛辛巳乙兩角等（一卷八）而甲辛巳乙辛巳兩角亦等（一卷四）則甲巳乙角倍大于辛巳乙角也依顯乙巳丙角亦倍大于乙巳壬角乙壬丙角亦倍大于乙壬巳角也又甲巳乙乙巳丙兩角乘甲乙乙丙相等之兩圜分（線等故圜分等見三卷廿八）即兩角自相等（三卷廿七）半減之辛巳乙乙巳壬兩角亦等乙巳辛角形之乙巳辛辛乙巳兩角與乙巳壬角形之乙巳壬壬乙巳兩角各等而乙巳同邊是辛乙乙壬兩邊亦等也（一卷廿六）乙辛巳乙壬巳兩角亦等也則辛壬線倍

大于辛乙線也依顯庚辛線亦倍大于辛甲線也前已顯甲辛辛乙兩線等則倍大之庚辛辛壬兩線亦等也依顯壬癸癸子子庚與

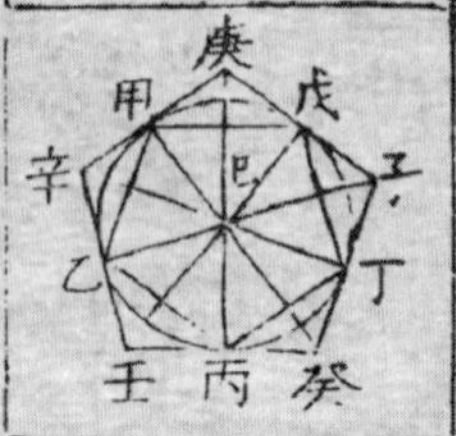

庚辛辛壬俱等也是爲庚辛壬癸子形之五邊等又依前所顯乙辛巳與乙壬巳兩角等是乙辛甲之減半角與乙壬丙之減半角等即倍大之乙辛甲與乙壬丙亦等也依顯辛壬癸壬癸子癸子庚子庚辛與庚辛壬俱等也是爲庚辛壬癸子形之五角等

第十三題

五邊等邊等角形求作形內切圜

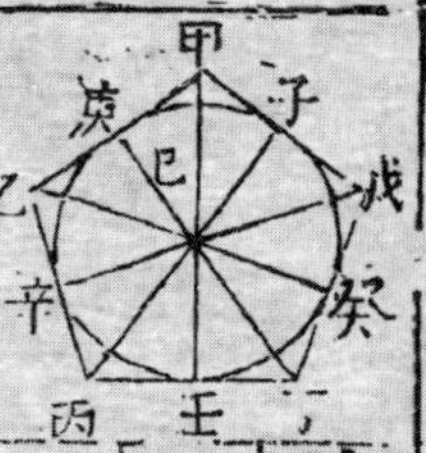

法曰。甲乙丙丁戊五邊等邊等角形。求作內切圜。先分乙甲戊、甲乙丙兩角。各兩平分卷一九其線為巳甲、巳乙。而相遇于巳巳甲乙、巳乙甲兩角小于兩直角。故巳甲、巳乙、兩線必相遇自巳作巳丙、巳丁、巳戊、三線。其甲巳乙角形之甲乙腰。與乙巳丙角形之乙丙腰等。乙巳同腰。而兩腰間之甲乙巳、丙乙巳、兩角等。即甲巳、巳丙、兩底亦等。乙甲巳、乙丙巳、兩角亦等一卷四又乙甲戊、與乙丙丁、兩角等。而乙甲巳、為乙甲戊之半。即乙丙巳亦乙丙丁之半。則乙丙丁角。亦兩平分于巳丙線矣。依顯丙丁戊、丁戊甲、兩角。亦兩平分于巳丁、巳戊兩線矣。次

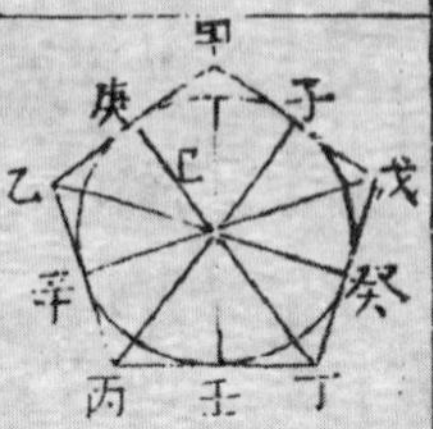

從巳向各邊作巳庚、巳辛、巳壬、巳癸、巳子五垂線。其甲巳庚角形之巳甲庚、巳庚甲、兩角與甲巳子角形之巳甲子、巳子甲、兩角。各等。甲巳同邊。即兩形必等（一卷廿六）巳子、與巳庚、兩線亦等。依顯巳辛、巳壬、巳癸、三垂線。與巳庚、巳子、兩垂線俱等。末作圜。以巳為心。庚為界。必過辛、壬、癸、子。而為甲乙丙丁戊五邊形之內切圜（三卷十六）

第十四題

五邊等邊等角形。求作形外切圜

法曰甲乙丙丁戊五邊等邊等角形。求作外切圜。先分

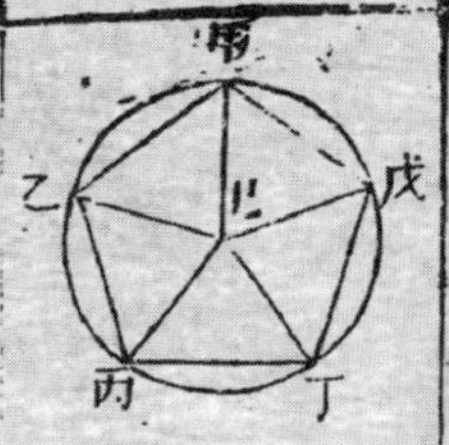

乙甲戊、甲乙丙、兩角、各兩平分、其線爲巳甲、巳乙、而相遇于巳（說見前）次從巳作巳丙、巳丁、巳戊、三線、依前題論推顯乙丙丁、丙丁戊、丁戊甲、三角、各兩平分于巳丙、巳丁、巳戊三線、夫五角既等、卽其半減之角亦等、而甲乙巳角形之巳甲乙、巳乙甲、兩角等、卽甲巳與巳乙、兩線亦等（一卷六）依顯巳丙巳丁、巳戊、三線與巳甲巳乙俱等、末作圜以巳爲心甲爲界、必過乙丙丁戊、而爲甲乙丙丁戊五邊形之外切圜

第十五題

有圜、求作圜內六邊切形、其形等邊等角

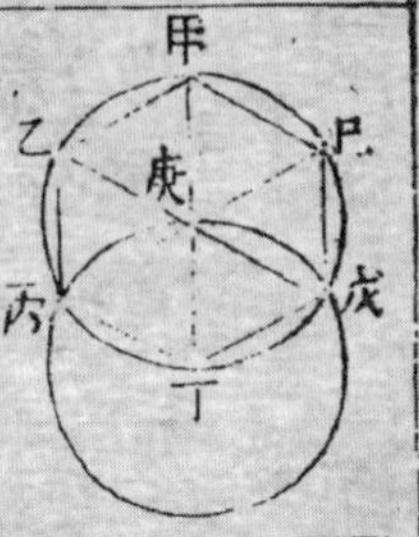

法曰：甲乙丙丁戊巳圜，其心庚，求作六邊內切圜形，等邊等角。先作甲丁徑線，次以丁爲心，庚爲界，作圜，兩圜相交于丙、于戊。次從庚心作丙庚、戊庚兩線，各引長之，爲丙巳、戊乙。末作甲乙、乙丙、丙丁、丁戊、戊巳、巳甲六線相聯，即成甲乙丙丁戊巳內切圜六邊形，而等邊等角。

論曰：庚丙、庚丁兩線等，而丁丙與丁庚亦等（依圜界說），三邊俱等，即庚丙丁爲平邊角形，而庚丁丙、丁丙庚、丙庚丁三角俱等（一卷五）。此三角元與兩直角等（一卷卅二），即每角爲兩直角三分之一，而丙庚丁角爲兩直角三分之一也。

依顯丁庚戊角。亦兩直角三分之一。而丙庚丁、丁庚戊、戊庚巳、三角。又等于兩直角一卷十三卽戊庚巳角。亦兩直角三分之一矣。則丙庚丁、丁庚戊、戊庚巳、三角。亦自相等。而此三角、與巳庚甲、甲庚乙、乙庚丙、三角。亦等一卷十五是輳庚心之六角。俱自相等。而所乘之六圜分三卷廿六及甲乙、乙丙、丙丁、丁戊、戊巳、巳甲、六線。俱自相等三卷廿九則甲乙丙丁戊巳形之六邊等。又乙丙、與甲巳、兩圜分等。而各加一丙丁戊巳圜分。卽乙丙丁戊巳、與甲巳戊丁丙、兩圜分等。而所乘之乙甲巳、與甲乙丙、兩角等三卷廿七依顯乙丙丁、丙丁戊、丁戊巳、戊巳甲、四角。與乙甲巳、甲

乙丙、兩角、俱等。則甲乙丙丁戊巳形之六角等
一系。凡圜之半徑爲六分圜之一之分弦。何者。庚丁、與
丁丙等、故。故一開規爲圜。不動而可六平分之
二系。依前十二、十三、十四題。可作六邊等邊等角形。在
圜之外。又六邊等邊等角形內。可作切圜。又六邊等邊
等角形外。可作切圜

第十六題

有圜。求作圜內十五邊切形。其形等邊、等角

法曰。甲乙丙圜。求作十五邊內切圜形。等邊、等角。先作
甲乙丙內切圜平邊三角形。與丁等角（本篇二）卽三邊等。

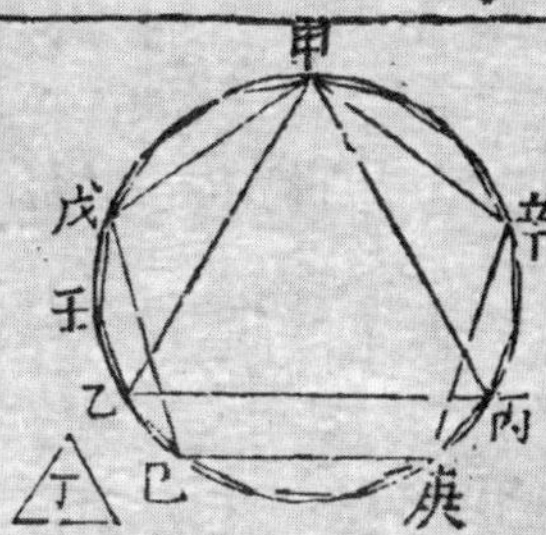

而甲乙、乙丙、丙甲、三圜分亦等（三卷廿八）夫甲乙丙圜、十五分之、則甲乙、三分圜之一。當爲十五分之五。次從甲、作甲戊巳庚辛丙切圜五邊形等角（本篇十一）卽甲戊、戊巳、巳庚、庚辛、辛甲、五圜分等（三卷廿八）夫甲乙丙圜、十五分之、則甲戊、五分圜之一。當爲十五分之三、而戊乙得十五分之二。次以戊乙圜分、兩平分于壬（三卷卅）則壬乙得十五分之一。次作壬乙線、依壬乙共作十五合圜線（本篇一）則成十五邊等邊形。而十五角所乘之圜分等。卽各角亦等（三卷廿七）

一系依前十二、十三、十四題。可作外切
圜十五邊形。又十五邊形内、可作切圜
又十五邊形外。可作切圜

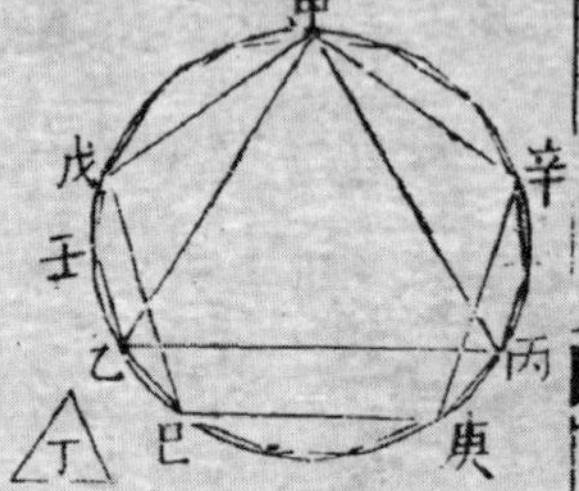

注曰。依此法。可設一法。作無量數形。如
本題圖甲乙圜分。爲三分圜之一。即命三甲戊圜分
爲五分圜之一。即命五。三與五相乘得十五。即知此
兩分法。可作十五邊形。又如甲乙命三。甲戊命五。三
與五較得二。即知戊乙得十五分之二。因分戊乙爲
兩平分。得壬乙線爲十五分之一。可作内切圜十五
邊形也。以此法爲例。作後題

增題。若圜內從一點設切圜兩不等等邊等角形之各一邊。此兩邊。一為若干分圜之一。一為若干分圜之一。此兩若干、分相乘之數。即後作形之邊數。此兩若干分之較數。即兩邊相距之圜分。所得後作形邊數內之分數

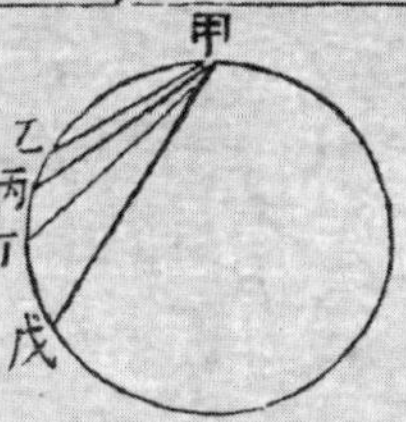

法曰。甲乙丙丁戊圜內。從甲點。作數形之各一邊。如甲乙為六邊形之一邊。甲丙為五邊形之一邊。甲丁為四邊形之一邊。甲戊為三邊形之一邊。甲乙命六。甲丙命五。較數一。即乙丙圜分為所作三十邊等邊等角形之一邊。何者

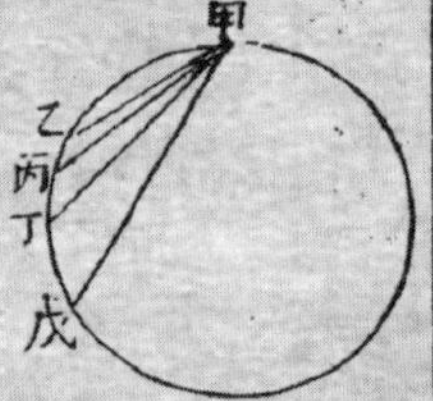

五六相乘為三十故當作三十邊也較數一故當為一邊也

論曰甲乙圜分為六分圜之一即得三十分圜之五而甲丙為五分圜之一即得三十分圜之六則乙丙得三十分圜之一也依顯乙丁為二十四邊形之二邊也何者甲乙命六甲丁命四六乘四得二十四也又較數二也依顯乙戊為十八邊形之三邊也丙丁為二十邊形之一邊也丙戊為十五邊形之二邊也丁戊為十二邊形之一邊也

二系凡作形于圜之內等邊則等角何者形之角所乘

之圜分皆等。故（三卷廿七）凡作形于圜之外。即從圜心作直線。抵各角。依本篇十二題可推顯各角等

三系。凡等邊形。既可作在圜內。即依圜內形可作在圜外。即形內可作圜。即形外亦可作圜。皆依本篇十二。十三。十四題

四系。凡圜內有一形。欲作他形。其形邊倍于此形邊。即分此形一邊所合之圜分。爲兩平分。而每分各作一合線。即三邊可作六邊。四邊可作八邊。倣此以至無窮

又補題。圜內有同心圜。求作一多邊形。切大圜。不至小圜。其多邊爲偶數。而等

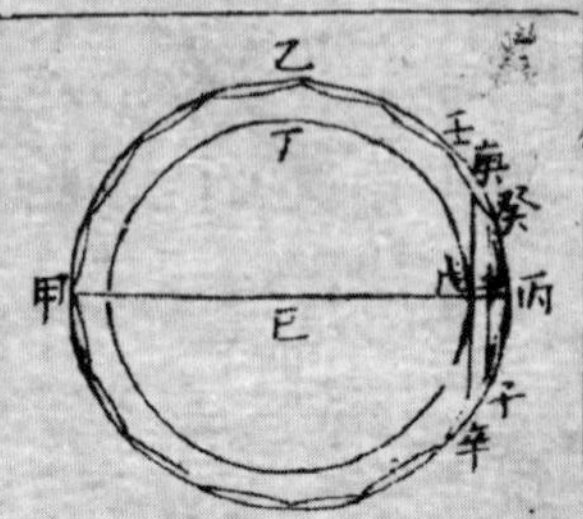

法曰。甲乙丙、丁戊、兩圜。同以巳爲心。求于甲乙丙大圜内、作多邊切形。不至丁戊小圜。其多邊爲偶數。而等。先從巳心作甲丙徑線、截丁戊圜于戊。次從戊作庚辛、爲甲戊之垂線。即庚辛線、切丁戊圜于戊也三卷十六之系夫甲庚丙圜分。雖大于丙庚。若于甲庚丙。減其半甲乙。存乙丙。又減其半乙壬。存壬丙。又減其半壬癸。如是遞減至其減餘丙癸。必小于丙庚如下補論既得丙癸圜分。小于丙庚。而作丙癸合圜線。即丙癸爲所求切圜形之一邊也。次分乙壬圜分。其分數與丙壬之分數等。次分甲乙。與乙

丙分數等。分丙甲。與甲乙丙分數等。則得所求形三卷廿九而不至丁戊小圜

論曰。試從癸作癸子。爲甲丙之垂線。遇甲丙于丑。其庚戊丑、癸丑戊。兩皆直角。即庚辛、癸子、爲平行線一卷廿八庚辛線之切丁戊圜。既止一點。即癸子線更在其外。必不至丁戊矣。何况丙癸更遠于丑癸乎。依顯其餘、與丙癸等邊、同度距心、者三卷十四俱不至丁戊圜也此係十二卷第十六題。因六卷今增題。宜藉此論。故先類附于此。

補論其題曰。兩幾何、不等若于大率。遞減其大半。必可使其減餘、小于元設小率

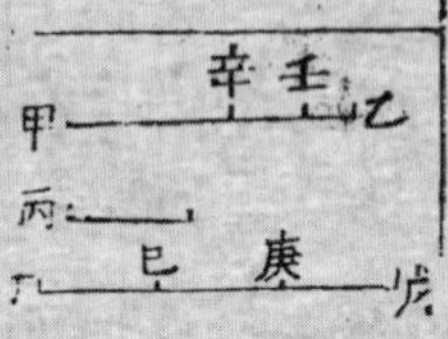

解曰甲乙大率丙小率題言甲乙遞減其大半至可使其減餘小于丙

論曰試以丙倍之又倍之至僅大于甲乙而止爲丁戊丁戊之分爲丁巳巳庚庚戊各與丙等也次于甲乙減其大半甲辛存辛乙又減其大半辛壬存壬乙如是遞減至甲乙與丁戊之分數等夫甲辛辛壬壬乙與丁巳巳庚庚戊分數既等丁戊又大于甲乙若兩率各爲兩分而大丁戊之減丁巳止于半小甲乙之減甲辛爲大半即丁戊之減餘必大于甲乙之減餘也若各爲多分而巳戊尚多于丙者即又于巳戊減巳庚于辛

乙。減其大半辛壬。如是遞減。卒至丁戊之末分庚戊。大于甲乙之末分壬乙也。而庚戊元與丙等。是壬乙小于丙也

又論曰。若于甲乙。遞減其半。亦同前論。何者。大丁戊所減不大于半。則丁戊之減餘。每大于甲乙之減餘。以至末分亦大于末分此係十卷第一題。借用于此。以足上論

幾何原本第四卷終

幾何原本第五卷之首

泰西利瑪竇口譯
吳淞徐光啓筆受

界說十九則

前四卷所論皆獨幾何也此下二卷所論皆自兩以上多幾何同例相比者也而本卷則總說完幾何之同例相比者也諸卷中獨此卷以虛例相比絕不及線面體諸類也第六卷則論線論角論圜界諸類及諸形之同例相比者也今先解向後所用名目爲界說十九

第一界

分者。幾何之幾何也。小能度大。以小爲大之分

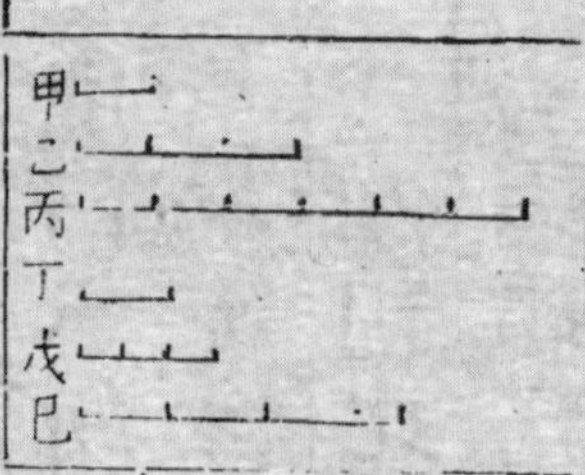

以小幾何度大幾何謂之分。曰幾何之幾何者。謂非此小幾何。不能爲此大幾何之分也。如一點無分。亦非幾何。卽不能爲線之分也。一線無廣狹之分。非廣狹之幾何。卽不能爲面之分也。一面無厚薄之分。非厚薄之幾何。卽不能爲體之分也。曰能度大者。謂小幾何度大幾何。能盡大之分者也。如甲爲乙、爲丙之分。則甲爲乙三分之一。爲丙六分之一。無贏、不足也。若戊爲丁之一。卽贏。爲二。卽不

足。巳爲丁之三。即贏。爲四。即不足。是小不盡大。則丁不能爲戊巳之分也。以數明之。若四于八、于十二、于十六、于二十。諸數皆能盡分。無贏不足也。若四于六、于七、于九、于十、于十八、于三十八。諸數或贏或不足。皆不能盡分者也。本書所論。皆指能盡分者。故稱爲分。若不盡分者。當稱幾分幾何之幾。如四于六。爲三分六之二。不得正名爲分。不稱小度大也。不爲大幾何內之小幾何也

第二界

若小幾何能度大者。則大爲小之幾倍

如第一界圖。甲與乙能度丙。則丙爲甲與乙之幾倍。若

丁戊不能盡巳之分。則巳不為丁戊之幾倍

第三界

比例者。兩幾何以幾何相比之理

兩幾何者。或兩數。或兩線。或兩面。或兩體。各以同類大小相比。謂之比例。若線與面。或數與線。相比。此異類不為比例。又若白線與黑線。熱線與冷線。相比。雖同類不以幾何相比。亦不為比例也

比例之說。在幾何為正用。亦有借用者。如時。如音。如聲如所。如動。如稱之屬。皆以比例論之

凡兩幾何相比。以此幾何比他幾何。則此幾何為前率。

所比之他幾何爲後率如以六尺之線比三尺之線則
六尺爲前率三尺爲後率也反用之以三尺之線比六
尺之線則三尺爲前率六尺爲後率也

比例爲用甚廣故詳論之如左

凡比例有二種有大合有小合以數可明者爲大合如
二十尺之線比十尺之線是也其非數可明者爲小合
如直角方形之兩邊與其對角線可以相比而非數可
明者是也

如上二種又有二名其大合　爲有兩度之　如二十
尺比八尺兩線爲大合則二尺四尺皆可兩度之者是

也。如此之類、凡數之比例皆大合也。何者、有數之屬。或無他數可兩度者。無有一數不可兩度者。若七比九。無他數可兩度之。以一、則可兩度之也。其小合線爲無兩度之線。如直角方形之兩邊、與其對角線爲小合。即分至萬分、以及無數。終無小線、可以盡分。能度兩率者是也此論詳見十卷末題

小合之比例至十卷詳之。本篇所論皆大合也

凡大合有兩種。有等者。如二十、比二十。十尺之線比十尺之線、是也。有不等者。如二十、比十。八、比四十。六尺之線比二尺之線是也

如上等者。爲相同之比例。其不等者。又有兩種。有以大不等。如二十比十、是也。有以小不等。如十比二十、是也。大合比例之以大不等者。又有五種。一爲幾倍大。二爲等帶一分。三爲等帶幾分。四爲幾倍大帶一分。五爲幾倍大帶幾分

一爲幾倍大者。謂大幾何內。有小幾何、或二、或三、或十、或八也。如二十、與四。是二十內。爲四者五。如三十尺之線、與五尺之線。是三十尺內。爲五尺者六。則二十與四名爲五倍大之比例也。三十尺與五尺。名爲六倍大之比例也。倣此爲名。可至無窮也

二爲等帶一分者謂大幾何內既有小之一別帶一分此一分或元一之半或三分之一四分之一以至無窮着是也如三與二是三內既有二別帶一一爲二之半如十二尺與九尺之線是十二內既有九別帶三三爲九三分之一則三與二名爲等帶半也十二尺與九尺名爲等帶三分之一也

三爲等帶幾分者謂大幾何內既有小之一別帶幾分而此幾分不能合爲一盡分者是也如八與五是八內既有五別帶三一每一各爲五之分而三一不能合而爲五之分也他如十與八其十內既有八別帶二一雖

每一各爲八之分。與前側相似。而二一却能爲八四分之一。是爲帶一分。屬在第二。不屬三也。則八與五名爲等帶三分也。又如二十二與十六。即名爲等帶六分也

四爲幾倍大帶一分者。謂大幾何內。既有小幾何之二、之三、之四、等。別帶一分。此一分。或元一之半。或三分。四分之一、以至無窮者、是也。如九與四。是九內既有二四。別帶一。一爲四分之一。則九與四。名爲二倍大帶四分之一也

五爲幾倍大帶幾分者。謂大幾何內。既有小幾何之二、之三、之四、等。別帶幾分。而此幾分。不能合爲一盡分者

是也。如十一、與三。是十一內既有三三。別帶二一。每一各爲三之分。而二一不能合而爲三之分也。則十一與三。名爲三倍大帶二分也

大合比例之以小不等者。亦有五種。俱與上以大不等五種。相反爲名。一爲反幾倍大。二爲反等帶一分。三爲反等帶幾分。四爲反幾倍大帶一分。五爲反幾倍大帶幾分

凡比例諸種。如前所設諸數。俱有書法。書法中。有全數有分數。全數者。如一、二、三、十、百等是也。分數者。如分一以二、以三、以四、等是也。書全數。依本數書之。不必立法

書分數必有兩數。一爲命分數。一爲得分數。如分一以三而取其二。則爲三分之二。卽三爲命分數。二爲得分數也。分一爲十九而取其七。則爲十九分之七。卽十九爲命分數。七爲得分數也

書以大小、不等各五種之比例。其一幾倍大。以全數書之。如二十與四。爲五倍大之比例。卽書五、是也。若四倍、卽書四。六倍、卽書六也。其反幾倍大。卽用分數書之。而以大比例之數爲命分之數。以一爲得分之數。如大爲五倍大之比例。則此書五之一、是也。若四倍、卽書四之一。六倍、卽書六之一也

其二等帶一分之比例。有兩數。一全數。一分數。其全數恒爲一。其分數則以分率之數爲命分數。恒以一爲得分數。如三與二。名爲等帶半。即書一。別書二之一也。其反等帶一分。則全用分數。而以大比例之命分數爲此之得分數。以大比例之命分數加一。爲此之命分數。如大爲等帶二之一。即此書三之二也。又如等帶八分之一。反書之。即書九之八也。又如等帶一千分之一。反書之。即書一千〇〇一之一千也

其三等帶幾分之比例。亦有兩數。一全數。一分數。其全數。亦恒爲一。其分數。亦以分率之數爲命分數。以所分

之數爲得分數如十與七名爲等帶三分即書一別書七之三也其反等帶幾分亦全用分數而以大比例之命分數爲此之得分數以大比例之命分數加大之得分數爲此之命分數如大爲等帶十之三命數七得數三七加三爲十即書十之七也又如等帶二十之三反書之二十加三即書二十三之二十也

其四幾倍大帶一分之比例則以幾倍大之數爲全數以分率之數爲命分數恒以一爲得分數如二十二與七二十二內既有三七別帶一一爲　七分之一名爲三倍大帶七分之一即以三爲全數七爲命分數一爲

得分數書三別書七之一也其反幾倍大帶一分則以大比例之命分數爲此之得分數以大之命分數乘大之倍數加一爲此之命分數如大爲三帶七之一即以七乘三得二十一又加一爲命分數書二十二之七也又如五帶九之一反書之九乘五得四十五加一爲四十六即書四十六之九也

其五幾倍大帶幾分之比例亦以幾倍大之數爲全數以分率之數爲命分數以所分之數爲得分數如二十九與八二十九內旣有三八別帶五一名爲三倍大帶五分即以三爲全數八爲命分數五爲得分數書三別

書八之五也。其反幾倍大帶幾分，則以大比例之命分數，爲此之得分數。以大比例之命分數，乘大之倍數，加大之得分數，爲此之命分數。如大爲三帶八之五，即以八乘三，得二十四，加五，爲二十九，書二十九之八也。又如四帶五之二，即書二十二之五也

已上大小十種，足盡比例之凡。不得加一、減一

第四界

兩比例之理相似，爲同理之比例

兩幾何相比，謂之比例。兩比例相比，謂之同理之比例。

如甲與乙、兩幾何之比例，偕丙與丁、兩幾何之比例，其

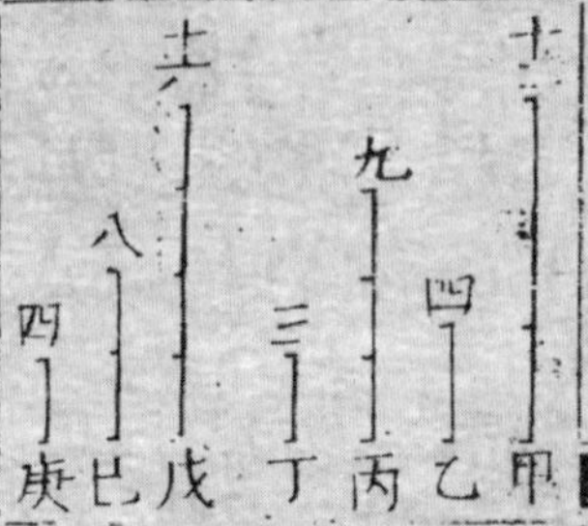

理相似爲同理之比例又若戊與巳兩幾何之比例偕巳與庚兩幾何之比例其理相似亦同理之比例

凡同理之比例有三種有數之比例有量法之比例有樂律之比例本篇所論皆量法之比例也

量法比例又有二種一爲連比例連比例者相續不斷其中率與前後兩率遞相爲比例而中率既爲前率之後又爲後率之前如後圖戊與巳比巳又與庚比是也二爲斷比例斷比例者居中兩率一取不再用如前圖甲自與乙比丙自與丁比是也

第五界

两幾何倍其身而能相勝者爲有比例之幾何

上文言爲比例之幾何必同類然同類中亦有無比例者故此界顯有比例之幾何也曰倍其身而能相勝者如三尺之線與八尺之線三尺之線三倍其身卽大于八尺之線是爲有比例之線也又如直角方形之一邊與其對角線雖非大合之比例可以數明而直角方形之一邊一倍之卽大于對角線兩邊等三角形其兩邊并必大于一邊見一卷二十是亦有小合比例之線也又圜之徑四倍之卽大于圜之界則圜之徑與界亦有小合比例之線也圜之界當三徑

七分徑之一弱別見圖形書又曲線與直線亦有比例如以大小兩曲線相合為初月形別作一直角方形與之等六卷三十三一增題今附即曲直兩線相視有大有小亦有比例也又方形與圜雖自古至今學士無數不能為相等之形然兩形相視有大有小亦不可謂無比例也又直線角與曲線角亦有比例如上圖直角鈍角銳角皆有與曲線角等者若第一圖甲乙丙直角在甲乙乙丙兩直線內而其

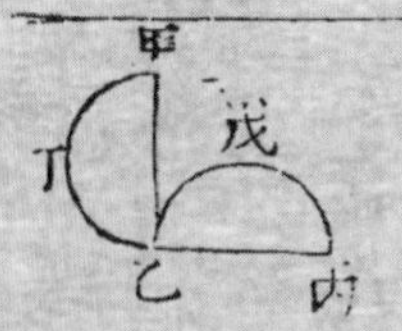

間設有甲乙丁與丙乙戊兩圜分角等即于甲乙丁角加甲乙戊角則丁乙戊曲線角與甲乙丙直角等矣依顯壬庚癸曲線角與巳庚辛鈍

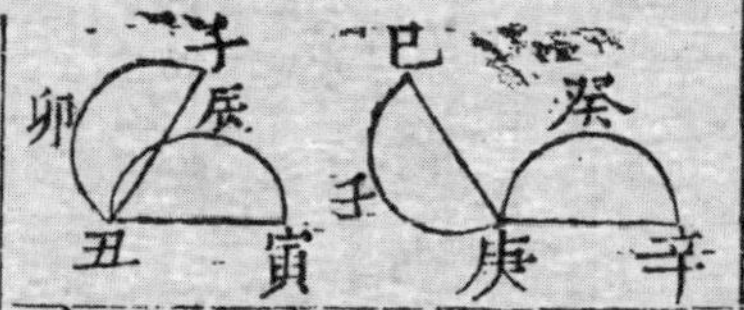

角等也又依顯卯丑辰曲線角與子丑寅銳角各減同用之子丑、丑辰內圜小分即兩角亦等也此五者皆疑無比例而實有比例者也他若有窮之線與無窮之線雖則同類實無比例何者有窮之線畢世倍之不能勝無窮之線故也又線與面面與體各自為類亦無比例何者畢世倍線不能及面畢世倍面不能及體故也又切圜角與直線銳角亦無比例何者依三卷十六題所說畢世倍切邊角不能勝至小之銳角故也此後諸篇中每有倍此幾何令至勝彼幾何者故備著其理以需後論也

第六界

四幾何若第一與二偕第三與四爲同理之比例則第一、第三之幾倍偕第二第四之幾倍其相視或等或俱爲大俱爲小恒如是

兩幾何曷顯其能爲比例乎上第五界所說是也兩比例曷顯其能爲同理之比例乎此所說是也其術通大合小合皆以加倍法求之如一甲二乙三丙四丁四幾何于一甲二丙任加幾倍爲戊爲己戊倍甲己倍丙其數自相等次于二乙四丁任加幾倍爲庚爲辛庚倍乙

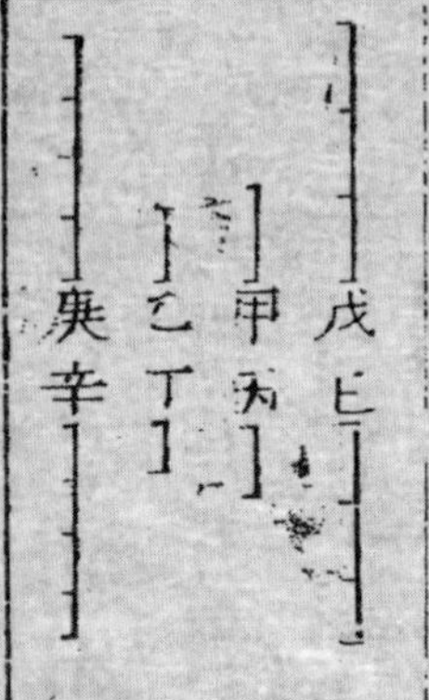

辛倍丁。其數自相等。而戊與巳。偕庚與辛。相視。或等。或俱大。或俱小。如是等、大小、累試之。恒如是。卽知一甲與二乙。偕三丙與四丁。爲同理之比例也

如初試之。甲幾倍之戊。小于乙幾倍之庚。而丙幾倍之巳。亦小于丁幾倍之辛。又試之。倍甲之戊、與倍乙之庚等。而倍丙之巳。亦與倍丁之辛等。三試之。倍甲之戊。大于倍乙之庚。而倍丙之巳。亦大于倍丁之辛。此之謂或相等。或雖不等、而俱爲大。俱爲小。若累合一差。卽元設四幾何不得爲同理之比例。如下第八界所指是也

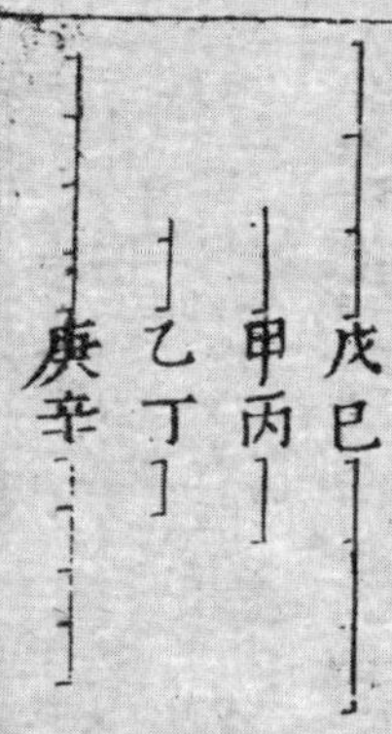

下文所論若言四幾何爲同理之比例即當推顯第一第三之幾倍與第二第四之幾倍或等或俱大俱小若許其四幾何爲同理之比例亦如之

以數明之如有四幾何第一爲三第二爲二第三爲六第四爲四今以第一之三第三之六同加四倍爲十二爲二十四次以第二之二第四之四同加七倍爲十四爲二十八其倍第一之十二既小于倍第二之十四而倍第三之二十四亦小于倍第四之二十八也又以第一之三第三之六同加六倍爲十八爲三十

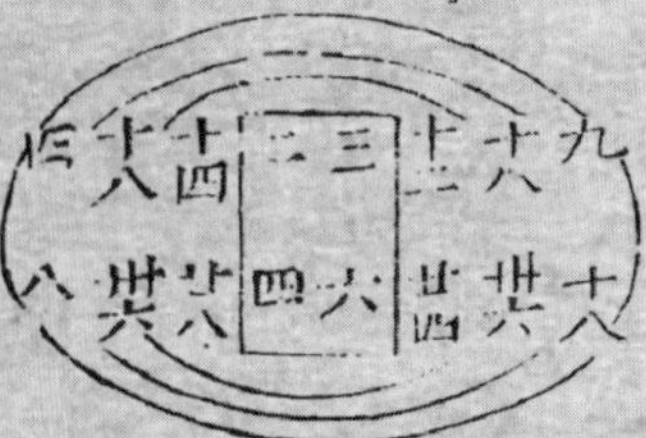

六次以第二之二第四之四同加九倍為十八為三十六其倍第一之十八既等于倍第二之十八而倍第三之三十六亦等于倍第四之三十六也又以第一之三第三之六同加三倍為九為十八次以第二之二第四之四同加二倍為四為八其倍第一之九既大于倍第二之四而倍第三之十八亦大于倍第四之八也若爾或俱大俱小或等累試之皆合則三與二偕六與四得為同理之比例也

以上論四幾何者斷比例之法也其連比例法倣此但連比例之中率兩用之既為第二又為第三視此異耳

第七界

同理比例之幾何爲相稱之幾何

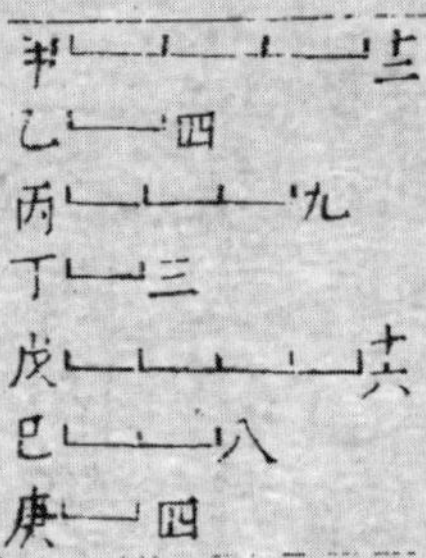

甲與乙。若丙與丁。是四幾何爲同理之比例。即四幾何爲相稱之幾何。又戊與己若己與庚。即三幾何亦相稱之幾何

第八界

四幾何若第一之幾倍大于第二之幾倍。而第三之幾倍不大于第四之幾倍。則第一與二之比例大于第三與四之比例

此反上第六界。而釋不同理之兩比例。其相視易顯爲

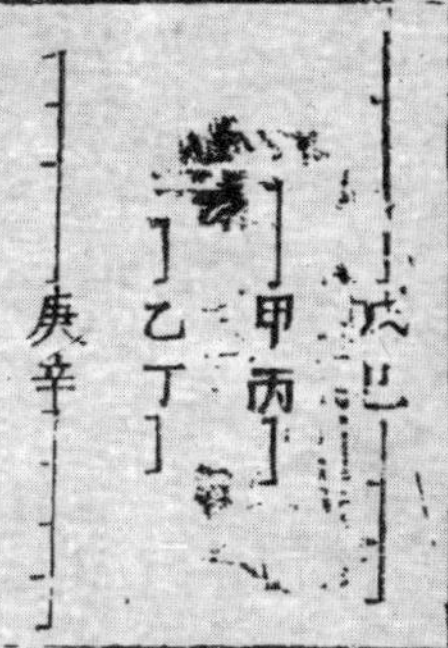

大曷顯爲小也。謂第一、第三之幾倍與第二、第四之幾倍依上累試之。其間有第一之幾倍大于第二之幾倍。而第三之幾倍乃或等、或小于第四之幾倍。即第一與二之比例。大于第三與四之比例也。如上圖甲一、乙二、丙三、丁四。甲與丙各三倍爲戊己、乙與丁各四倍爲庚辛。其甲三倍之戊。大于乙四倍之庚。而丙三倍之己。乃小于丁四倍之辛。即甲與乙之比例。大于丙與丁也。若第一之幾倍。小于第二之幾倍。而第三之幾倍。乃或等、或大于第四之幾倍。即第一與二之比例。小于第三與四之比

例如是等大小相戾者但有其一不必再試

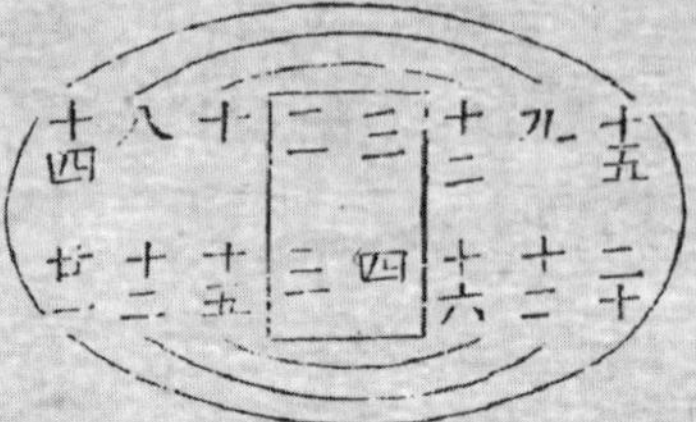

以數明之中設三二四三四幾何先有第一之倍大于第二之倍而第三之倍亦大于第四之倍後復有第一之倍大于第二之倍而第三之倍乃或等或小于第四之倍卽第一與二之比例大于第三與四也

若以上圖之數反用之以第一爲二第二爲一第三爲四第四爲三則第一與二之比例小于第三與四

第九界

同理之比例至少必三率

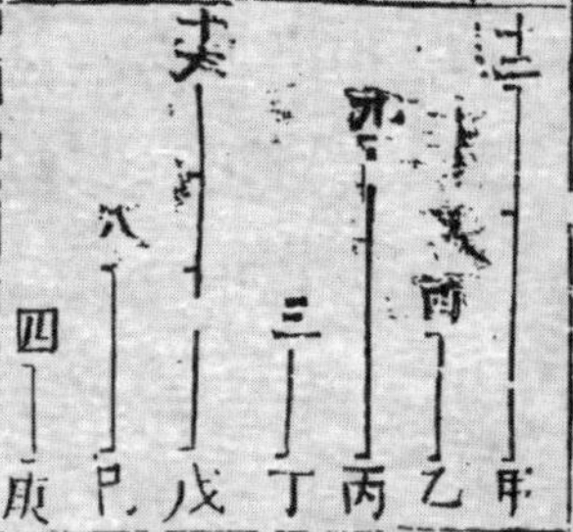

同理之比例必兩比例相比如甲與乙若丙與丁是四率斷比例也若連比例之戊與己若己與庚則中率己既爲戊之後又爲庚之前是以三率當四率也

第十界

三幾何爲同理之連比例則第一與三爲再加之比例四幾何爲同理之連比例則第一與四爲三加之比例倣此以至無窮

甲、乙、丙、丁、戊五幾何爲同理之連比例其甲與乙若乙與丙乙與丙若丙與丁丙與丁若丁與戊即一甲與三

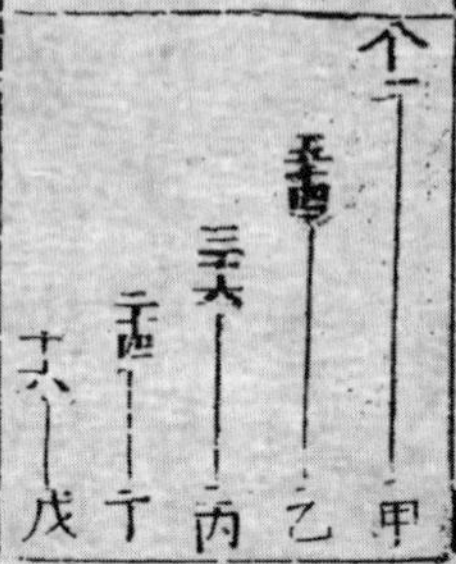

丙視一甲與三乙爲再加之比例又一甲與四丁視一甲與二乙爲三加之比例何者甲丁之中有乙丙兩幾何爲同理之比例如甲與乙故也又一甲與五戊視一甲與二乙爲四加之比例也若反用之以戊爲首則一戊與三丙爲再加與四乙爲三加與五甲爲四加也

下第六卷二十題言此直角方形與彼直角方形爲此形之一邊與彼形之一邊再加之比例何者若作三幾何爲同理之連比例則此直角方形與彼直角方形若第一幾何與第三幾何故也以數明之如此直角方形

之邊三尺而彼直角方形之邊一尺即此形邊與彼形邊若九與一也夫九與一之間有三爲同理之比例則九三一三幾何之連比例既有三與一爲比例又以九比三三比一爲再加之比例也則彼直角方形當爲此形九分之一不止爲此形三分之一也大畧第一與二之比例若線相比第一與三若平面相比第一與四若體相比也第一與五若筭家三乘方與六若四乘方與七若五乘方倣此以至無窮

第十一界

同理之幾何前與前相當後與後相當

上文已解同理之比例此又解同理之幾何者蓋一比

例之兩幾何有前後而同理之兩比例四幾何有兩前兩後故特解言比例之論常以前與前相當後與後相當也如

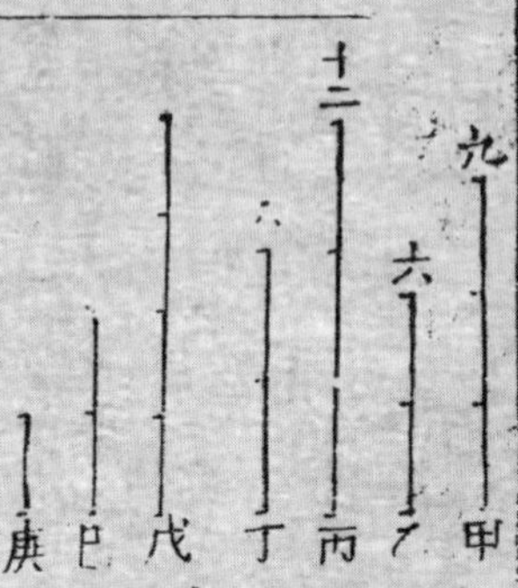

上甲與乙丙與丁兩比例同理則甲與丙相當乙與丁相當也戊己己庚兩比例同理則己既為前又為後兩相當也如下文有兩三角形之邊相比亦常以同理之兩邊相當不可混也

上文第六第八界說幾何之幾倍常以一與三同倍二與四同倍則以第一第三為兩前第二第四為兩後各同理故

第十二界

有屬理更前與前更後與後

此下說比例六理皆後論所需也

四幾何甲與乙之比例若丙與丁今更推甲與丙若乙與丁爲屬理　下言屬理皆省曰更

此論未證證見本卷十六

此界之理可施于四率同類之比例若兩線兩面或兩面兩數等不爲同類即不得相更也

第十三界

有反理取後爲前取前爲後

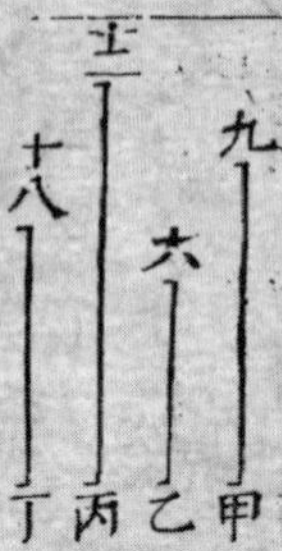

甲與乙之比例若丙與丁今反推乙與甲

若丁與丙為反理

證見本篇四之系

此界之理亦可施于異類之比例

第十四界

有合理合前與後為一而比其後

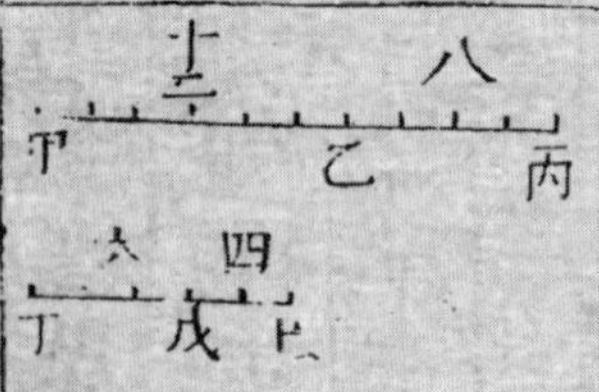

甲乙與乙丙之比例若丁戊與戊巳今合甲丙為一而比乙丙合丁巳為一而比戊巳即推甲丙與乙丙若丁巳與戊巳是合兩前後率為兩一率而比兩後率也

證見本卷十八

第十五界

有分理。取前之較、而比其後

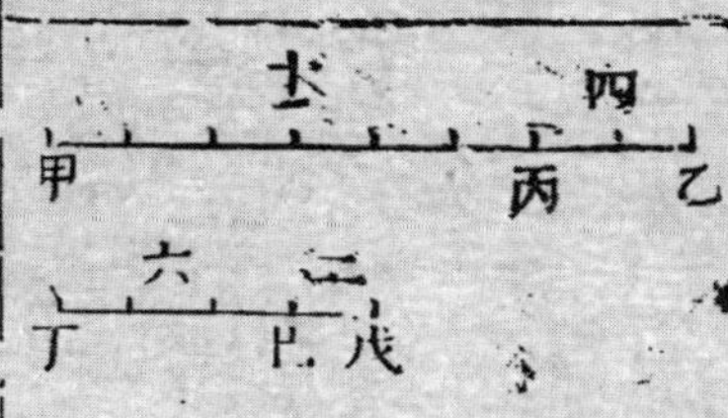

甲乙與丙乙之比例。若丁戊與巳戊。今分推甲乙之較甲丙、與丙乙。若丁戊之較丁巳、與巳戊

證見本卷十七

第十六界

有轉理。以前爲前。以前之較爲後

甲乙與丙乙之比例若丁戊與巳戊令轉推

甲乙與甲丙若丁戊與丁巳

證見本卷十九

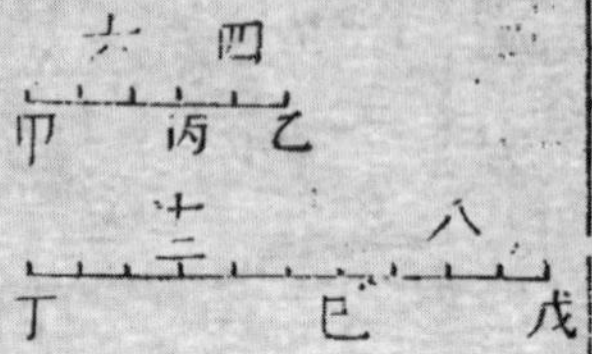

第十七界

有平理彼此幾何各自三以上相爲同理之連比例則此之第一與三若彼之第一與三又曰去其中取其首尾

甲、乙、丙三幾何丁、戊、巳三幾何等數相爲同理之連比例者甲與乙若丁與戊乙與丙若戊與巳也令平推首甲與尾

丙若首丁與己也

平理之分又有二種如後二界

第十八界

有平理之序者此之前與後若彼之前與後而此之後與他率若彼之後與他率

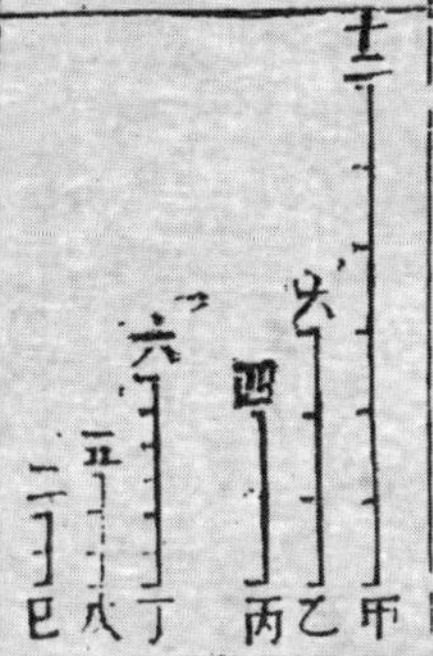

甲與乙若丁與戊而後乙與他率丙若後戊與他率己是序也今平推甲與丙若丁與己也此與十七界同重宣序義以别後界也

證見本卷廿二

第十九界

有平理之錯者此數幾何彼數幾何此之前與後若彼之前與後而此之後與他率若彼之他率與其前

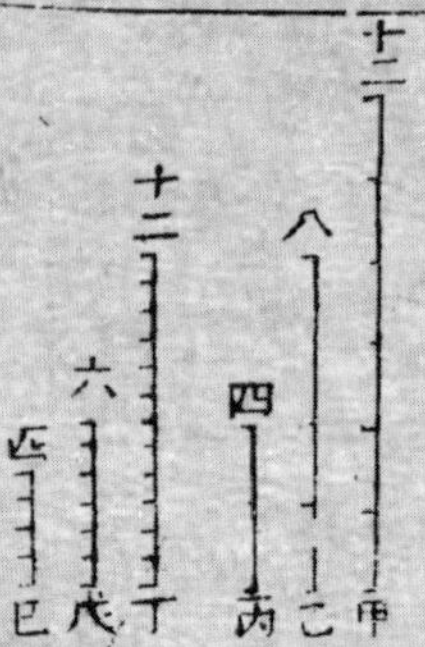

甲、乙、丙數幾何丁、戊、巳數幾何其甲與乙若戊與巳又此之後乙、與他率丙若彼之他率丁、與前戊是錯也令平推甲與丙若丁與巳也十八、十九界推法〇于十七界中通論之〇故兩題中不再著也

證見本卷廿三

增一幾何有一幾何相與爲比例即此幾何必有彼幾何相與爲比例而兩比例等一幾何有一幾何相與爲比例即必有彼幾何與此幾何爲比例而兩比

例等比例同理者曰比例等

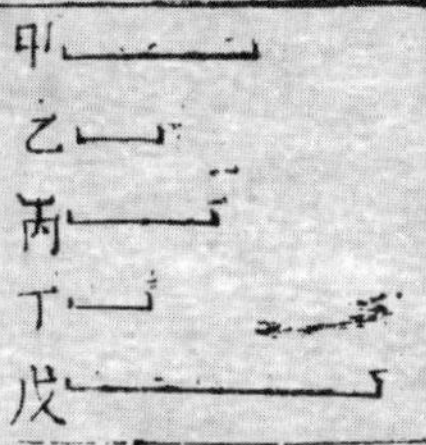

甲幾何與乙幾何爲比例卽此幾何丙亦必有彼幾何如丁相與爲比例若甲與乙也丙幾何與丁幾何爲比例卽必有彼幾何如戊與此幾何丙爲比例若丙與丁也此理推廣無礙于理有之不必舉其率也舉率之理備見後卷

幾何原本第五卷之首終

卷五之首

十九

幾何原本第五卷　本篇論比例　計三十四題

泰西利瑪竇口譯
吳淞徐光啓筆受

第一題

此數幾何。彼數幾何。此之各率。同幾倍于彼之各率。則此之幷率。亦幾倍于彼之幷率

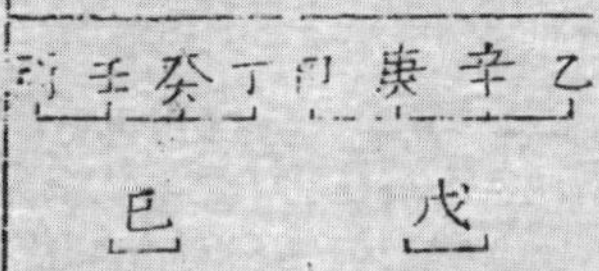

解曰。如甲乙、丙丁。此二幾何。大于戊、己。彼二幾何。各若干倍。題言甲乙、丙丁。幷。大于戊、己。幷。亦若干倍

論曰。如甲乙與丙丁。既各三倍大于戊與己。卽

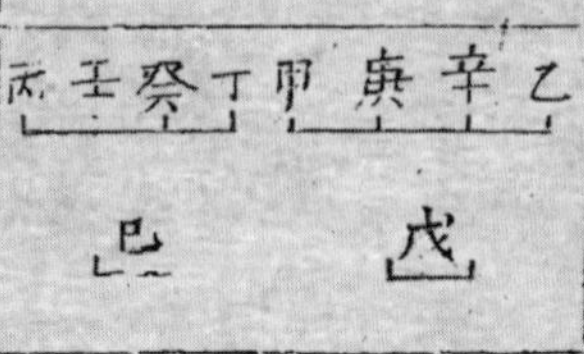

以甲乙三分之各與戊等。爲甲庚庚辛辛乙。又以丙丁三分之各與己等。爲丙壬壬癸癸丁。即甲乙與丙丁所分之數等。而甲庚既與戊等。丙壬既與己等。即于甲庚加丙壬。于戊加己。其甲庚丙壬幷。與戊己幷。必等。依顯庚辛壬癸幷。辛乙癸丁幷。與戊己幷。各等。夫甲乙與丙丁之分。三合于戊己。皆等本卷界說二則甲乙丙丁幷。三倍大于戊己幷

第二題

六幾何。其第一倍第二之數。等于第三倍第四之數。而第五倍第二之數。等于第六倍第四之數。則第一第五幷

倍第二之數。等于第三第六幷、倍第四之數

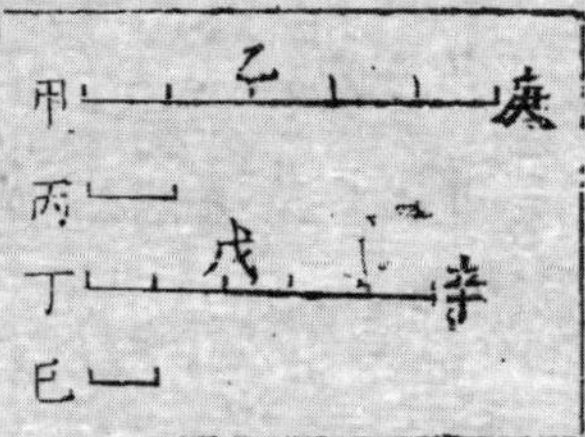

解曰。一甲乙倍二丙之數。如三丁戊倍四巳之數。又五乙庚倍二丙、之數。如六戊辛、倍四巳之數。題言一甲乙、五乙庚幷、倍二丙之數若三丁戊、六戊辛、幷、倍四巳之數

論曰。甲乙、丁戊之倍于丙巳。其數等。則甲乙幾何內。有丙幾何若干。與丁戊幾何內。有巳幾何若干。其數亦等本卷界說二依顯乙庚內。有丙若干。與戊辛內。有巳若干。亦等。次于甲乙、丁戊、兩等數率。每加一等數之乙庚、戊辛、率。則甲庚、丁辛、兩幾何內之分數等。而一、五幷之甲庚

內有二丙若干與三六幷之丁辛內有四巳若干亦等

注曰若第一第三兩幾何之數與第二第四兩幾何之數各等而第五倍第二之數等于第六倍第四之數或第一倍第二之數等于第三倍第四之數而第五第二兩幾何之數與第六第四兩幾何之數各等

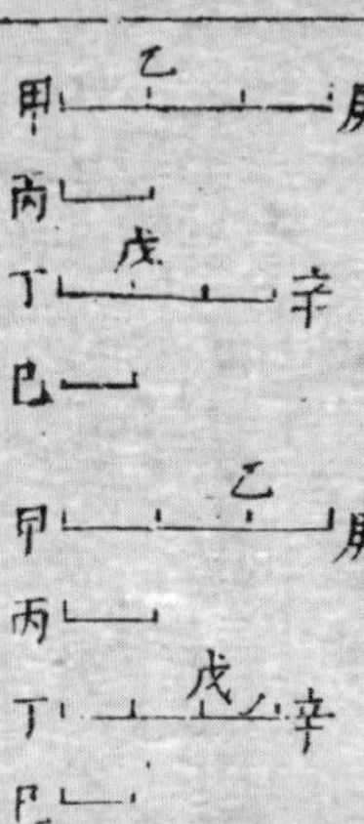

俱同本論如上二圖甲庚爲第一第五之幷率其倍二丙之數與丁辛爲第三第六之幷率其倍四巳之數等也甲庚內若有丙若干與丁辛內有巳若干等故同理他若第一第三兩幾何之數第五第六兩幾何之數與第二

第四兩幾何之數名等此理更明何者第一第五幷之倍第二若第三第六幷之倍第四俱兩倍故

第三題

四幾何其第一之倍于第二若第三之倍于第四次倍第一又倍第三其數等則第一所倍之與第二若第三所倍之與第四

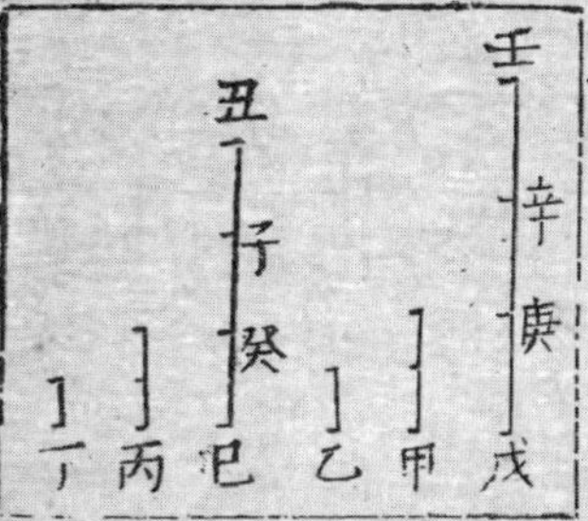

解曰一甲所倍于二乙若三丙所倍于四丁次作戊己兩幾何同若干倍于甲于丙題言以平理推戊倍乙之數若己倍丁

論曰戊與己之倍甲與丙其數既等試以

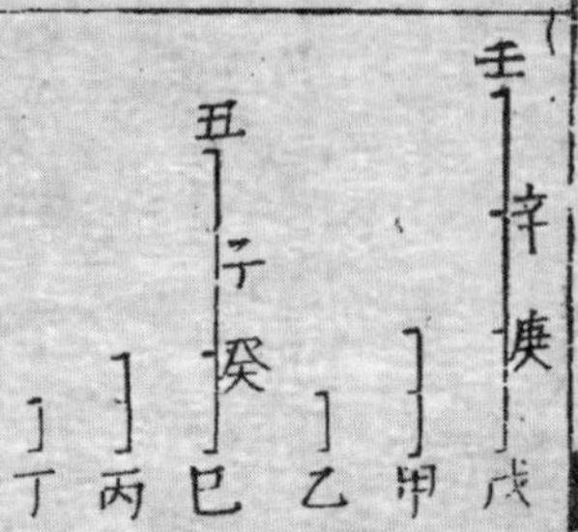

戊作若干分。各與甲等。爲戊庚、庚辛、辛壬。次分巳亦如之。爲巳癸、癸子、子丑。卽戊內有甲若干。與巳內有丙若干。等本卷界說二夫戊庚與甲。巳癸與丙。既等。而甲之倍乙。與丙之倍丁。又等。則戊庚倍乙。若巳癸倍丁也。依顯庚辛、辛壬。各所倍于乙。若癸子、子丑。各所倍于丁也。夫一戊庚之倍二乙。既若三巳癸之倍四丁。而五庚辛之倍二乙。亦若六癸子之倍四丁。則一戊庚、五庚辛、并之倍二乙。若三巳癸、六癸子、并之倍四丁也本篇二又一戊辛之倍二乙。既若三巳子之倍四丁。而五辛壬之倍二乙。亦

若六子丑之倍四丁。則一戊辛五辛壬幷之倍二乙。若三巳子、六子丑、幷之倍四丁也。辛壬子丑以上。任作多分。皆倣此論

第四題 其系爲反理

四幾何。其第一與二。偕第三與四。比例等。第一、第三同任爲若干倍。第二、第四。同任爲若干倍。則第一所倍。與第二所倍。第三所倍。與第四所倍。比例亦等

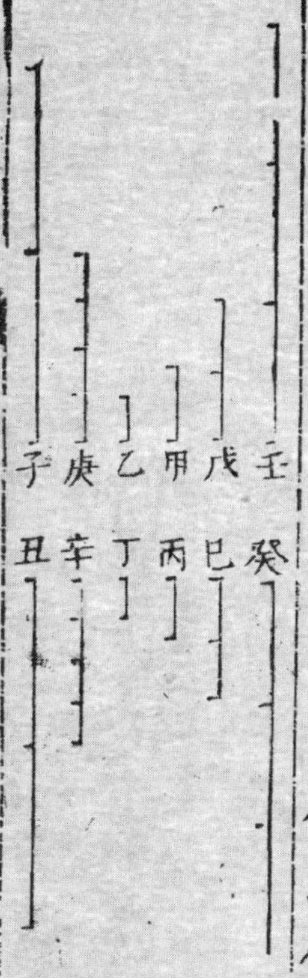

解曰。甲與乙。偕丙與丁。比例等。次作戊與巳。同任若干

倍于一甲、三丙。別作庚與辛。同任若干倍于二乙、四丁。

題言一甲所倍之戊，與二乙所倍之庚，偕三丙所倍之巳，與四丁所倍之辛。比例亦等

論曰：試以戊、巳二幾何同任倍之，爲壬，爲癸，別以庚、辛同任倍之，爲子，爲丑。其戊之倍甲，既若巳之倍丙，而壬之倍戊，亦若癸之倍巳，即壬之倍甲，亦若癸之倍丙也。本篇三依顯子之倍乙，亦若丑之倍丁也。夫甲與乙，偕丙與丁之比例既等，而壬癸所倍于甲丙，子丑所倍于乙

丁。各等。卽三試之。若倍甲之壬。小于倍乙之子。則倍丙之癸。亦小于倍丁之丑矣。若壬、子、等。卽癸、丑亦等矣。若壬大于子。卽癸亦大于丑矣。本卷界說六 夫戊、巳之倍爲壬、癸也。庚、辛、之倍爲子、丑、也。不論幾許倍。其等、大、小。三試之恒如是也。則一戊所倍之壬。與二庚所倍之子。偕三巳所倍之癸。與四辛所倍之丑。等、大、小、皆同類也。而戊與庚。偕巳與辛之比例必等 本卷界說六

一系。凡四幾何第一與二。偕第三與四比例等。卽可反推第二與一。偕第四與三比例亦等。何者。如上倍甲之壬與倍乙之子。偕倍丙之癸。與倍丁之丑等、大、小、俱同

類。而顯甲與乙。若丙與丁。即可反說倍乙之子。與倍甲之壬。偕倍丁之丑。與倍丙之癸等。大小、俱同類。而乙與、甲。亦若丁與丙本卷界說六

二系。別有一論。亦本書中所恒用也。曰。若甲與乙。偕丙與丁。比例等。則甲之或二、或三倍。與乙之或二、或三倍。偕丙之或二、或三倍。與丁之或二、或三倍。比例俱等。倣此以至無窮

第五題

大小兩幾何。此全所倍于彼全。若此全截取之分所倍于彼全截取之分。則此全之分餘、所倍于彼全之分餘。亦

如之

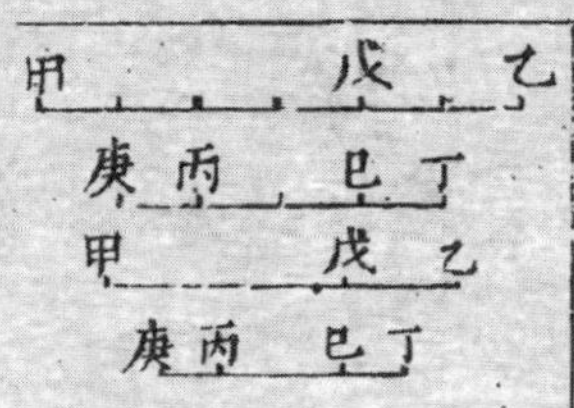

解曰。甲乙大幾何。丙丁小幾何。甲乙所倍于丙丁。若甲乙之截分甲戊所倍于丙丁之截分丙巳。題言甲戊之分餘戊乙所倍于丙巳之分餘巳丁。亦如其數

論曰。試作一他幾何為庚丙。令戊乙之倍庚丙。若甲戊之倍丙巳也（本卷界說增）甲戊、戊乙之倍丙巳、庚丙。其數等。即其兩幷甲乙之倍庚巳。亦若甲戊之倍丙巳也（本篇一）而甲乙之倍丙丁。元若甲戊之倍丙巳。則丙丁與庚巳等也。次每減同用之丙巳。即庚丙與巳丁。亦等。而戊乙

之倍巳丁。亦若戊乙之倍庚丙矣。夫戊乙之倍庚丙。既若甲戊之倍丙巳。則戊乙爲甲戊之分餘所倍于巳下爲丙巳之分餘者。亦若甲乙之倍丙丁也

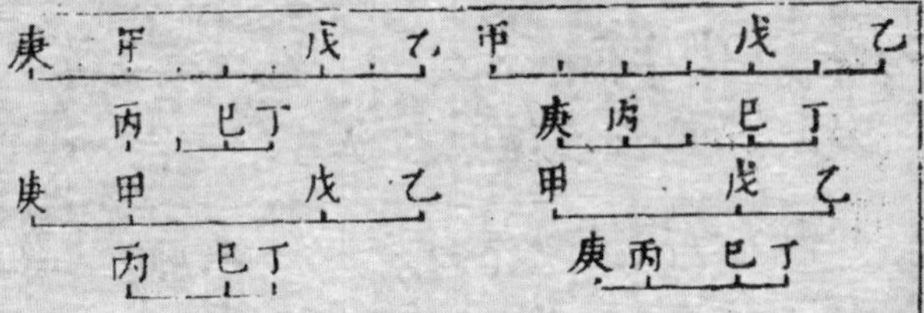

又論曰。試作一線幾何。爲庚甲。令庚甲之倍巳丁。若甲戊之倍丙巳（本卷界說二十）卽其兩幷庚戊之倍丙丁。亦若甲戊之倍丙巳也（本篇一）而甲乙之倍丙丁。元若甲戊之倍丙巳。是庚戊與甲乙等矣。次每減同用之甲戊。卽庚甲與戊乙等也。而庚甲之倍巳丁。若甲乙之倍丙丁也。則戊乙之倍巳

丁。亦若甲乙之倍丙丁也

第六題

此兩幾何各倍于彼兩幾何。其數等。于此兩幾何每減一分。其一分之各倍于所當彼幾何。其數等。則其分餘或各與彼幾何等。或尚各倍于彼幾何。其數亦等

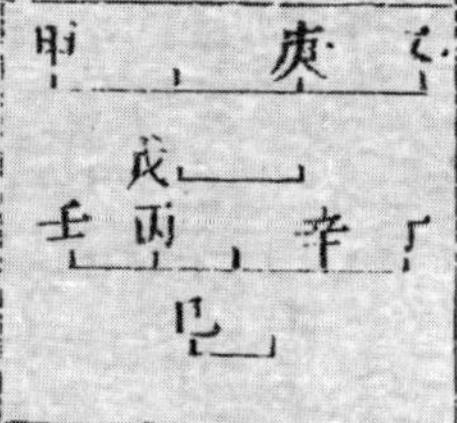

解曰。甲乙、丙丁、兩幾何。各倍于戊、己、兩幾何。其數等。每減一甲庚、丙辛。甲庚丙辛之倍戊己。其數等。題言分餘庚乙、辛丁。或與戊己等。或尚各倍于戊、己。其數亦等

論曰。甲乙全與其分甲庚。庚既各多倍于戊。則分餘庚乙、

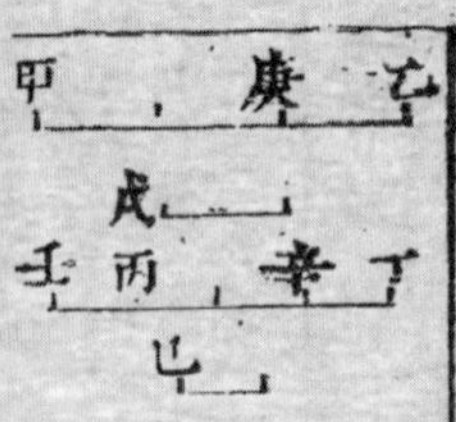

與戊。其或等。或尚幾倍。必矣。何者。庚乙與戊不等。不幾倍。其加于甲庚。不成爲戊之多倍也。然則庚乙與戊等。曷爲辛丁與巳亦等。試作壬丙與巳等。其一甲庚之倍二戊。既若三丙辛之倍四巳。而五庚乙之等二戊。又若六壬丙之等四巳。則第一第五并之甲乙所倍于二戊。若第三第六并之壬辛所倍于四巳也。本篇二而甲乙之倍戊。元若丙丁之倍巳。即壬辛與丙丁亦等。次每減同用之丙辛。即壬丙與辛丁必等。是辛丁與巳亦等矣。然則庚乙之倍戊。曷爲與辛丁之倍巳

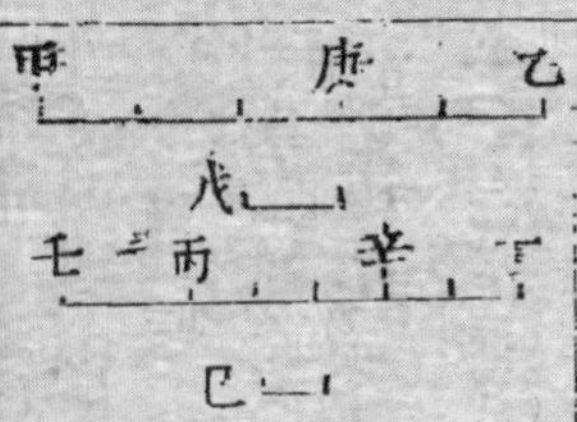

等試作壬丙其倍巳若庚乙之倍戊依前論甲乙之倍戊若壬辛之倍巳二本篇而壬辛與丙丁等壬丙與辛丁亦等是辛丁之倍巳亦若庚乙之倍戊矣

第七題二支

此兩幾何等則與彼幾何各爲比例必等而彼幾何與此相等之兩幾何各爲比例亦等

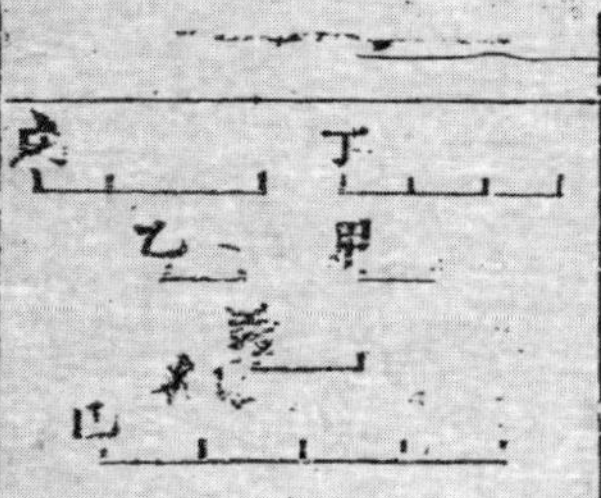

解曰甲乙兩幾何等彼幾何丙不論等大小于甲乙題言甲與丙偕乙與丙各爲比例必等又反上言丙與甲偕丙與乙各爲比例亦等

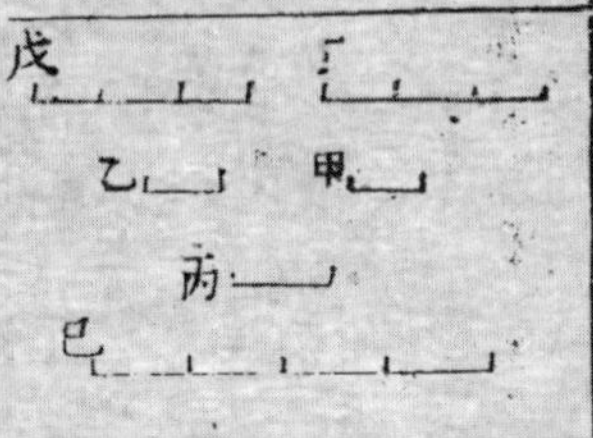

論曰試作丁戊兩率任同若干倍于甲乙卽丁與戊等別作巳任若干倍于丙其丁戊旣等卽丁視巳與戊視巳或等或大或小必同類矣夫一甲三乙所倍之丁戊偕當二又當四之丙所倍之巳其等大小旣同類（本卷界說六）則一甲與二丙之比例若三乙與四丙矣反說之當一當三之丙所倍之巳偕二甲四乙所倍之丁戊其等大小旣同類則一丙與二甲之比例若三丙與四乙矣

後論與本篇第四題之系同用反理如甲與丙若乙與丙反推之丙與甲亦若丙與乙也

第八題

大小兩幾何各與他幾何爲比例則大與他之比例大于小與他之比例而他與小之比例大于他與大之比例

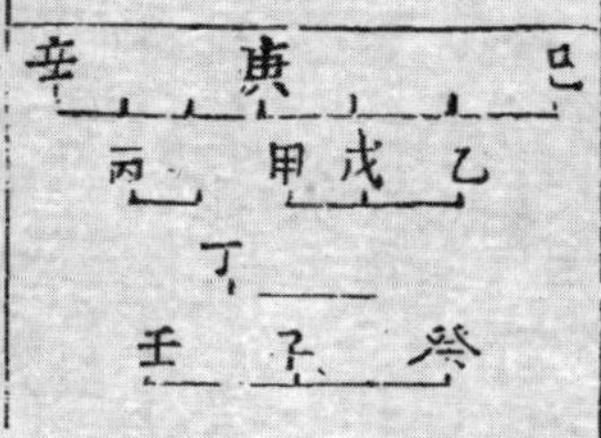

解曰不等兩幾何甲乙大丙小又有他幾何丁不論等大小于甲乙于丙題言甲乙與丁之比例大于丙與丁之比例又反上言丁與丙之比例大于丁與甲乙之比例

論曰試于大幾何甲乙內分甲戊與小幾何丙等而戊乙爲分餘次以甲戊戊乙作同若干倍之辛庚庚巳而庚巳爲戊乙之倍必令大于丁辛庚爲甲戊之倍必令

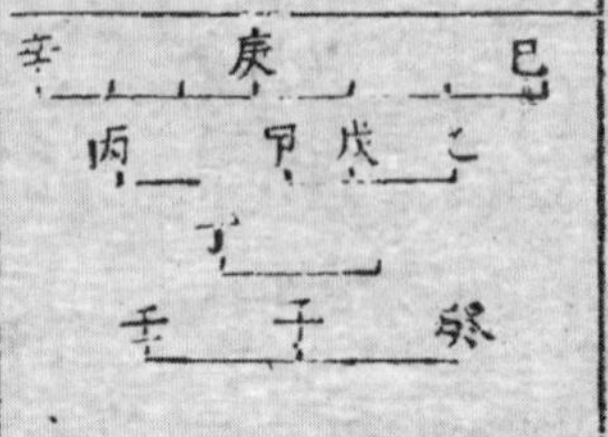

大于丁或等于丁如不足以倍加之也其庚巳辛庚之倍于戊乙甲戊既等即辛巳之倍甲乙若辛庚之倍甲戊矣（本篇一）甲戊即丙也次作一壬癸爲丁之倍令僅大于辛庚兩倍不足三之又不足任加之巳大勿倍也次于壬癸截取子癸與丁等即壬子必不大于辛庚何者向作壬癸爲丁之倍元令僅大于辛庚若壬子大于辛庚者何必又倍之爲壬癸也故僅大之壬癸截去子癸者必不大于辛庚也則壬子或等或小于辛庚矣夫庚巳既大于丁而子癸與丁等即庚巳必大于子癸又辛庚不小于壬

子或大或等、即辛巳亦大于壬癸也。夫辛巳、辛庚同若干倍于第一甲乙、第三丙也。而壬癸之倍于當二之丁、當四之丁。又同一率也。則第一所倍之辛巳、大于第二所倍之壬癸。而第三所倍之辛庚。不大于第四所倍之壬癸辛庚元小于壬癸是一甲乙與二丁之比例。大于三丙與四丁矣本卷界說八次反上說。一丁所倍之壬癸反說則丁當一、當三。丙二。甲乙四大于二丙所倍之辛庚。而三丁所倍之壬癸。不大于四甲乙所倍之辛巳壬癸必小于辛巳是一丁與二丙之比例大于三丁與四甲乙矣本卷界說八

第九題二支

兩幾何、與一幾何各爲比例、而等。則兩幾何必等。一幾何、與兩幾何、各爲比例、而等。則兩幾何亦等

先解曰。甲、乙兩幾何、各與丙爲比例等。題言甲與乙等

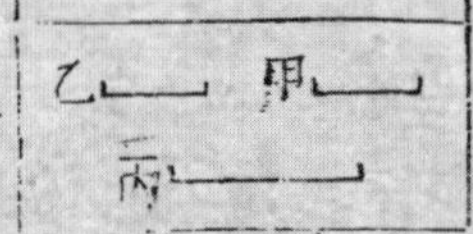

論曰。如云不然、而甲大于乙。即甲與丙之比例宜大于乙與丙（本篇八）何先設兩比例等也。故比例等。則甲與乙等

後解曰。丙幾何、與甲、與乙、各爲比例、等。題言甲與乙等

論曰。如云不然、而甲大于乙。即丙與乙之比例宜大于丙與甲（本篇八）何先設兩比例等也

第十題二支

彼此兩幾何此幾何與他幾何之比例大于彼與他之比例則此幾何大于彼他幾何與此幾何之比例大于他與此之比例則彼幾何小于此

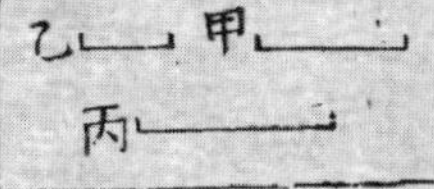

先解曰甲乙兩幾何復有丙幾何甲與丙之比例大于乙與丙題言甲大于乙

論曰如云不然甲與乙等卽所爲兩比例宜等本篇七何先設甲與丙大也又不然甲小于乙卽乙與丙之比例宜大于甲與丙本篇八何先設甲與丙大也

後解曰丙與乙之比例大于丙與甲題言乙小于甲

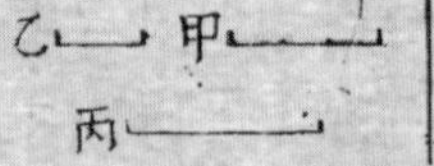

論曰。如云不然。乙與甲等。卽所爲兩比例宜等。本篇七何先設丙與乙大也。又不然。乙大于甲。卽丙與甲之比例宜大于丙與乙。何先設丙與乙大也。

第十一題

此兩幾何之比例與他兩幾何之比例等。而彼兩幾何之比例與他兩幾何之比例亦等。則彼兩幾何之比例與此兩幾何之比例亦等

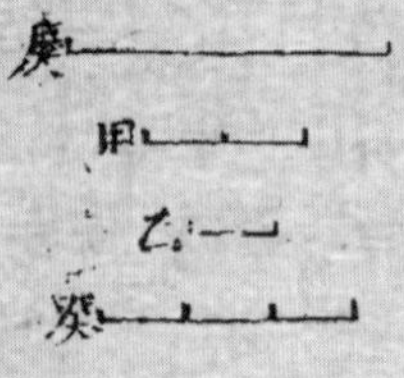

解曰。甲乙偕丙丁之比例。各與戊巳之比例等。題言甲乙與丙丁之比例亦等

論曰。試于各前率之甲、丙、戊。同任倍之爲庚、

辛、壬。別于各後率之乙、丁、巳。同任倍之爲癸、子、丑其一甲與二乙之比例既若三戊與四巳。即三試之若。倍一甲之庚小于倍二乙之癸。即倍三戊之壬亦小于倍四巳之丑矣若庚癸等。即壬、丑亦等。若庚大于癸。即壬亦大于丑矣本卷界說六依顯壬之視丑。若辛之視子。其等大小亦同類矣此三前三後率任作幾許倍其等大小皆同類也本卷界說六則甲與乙之比例若丙與丁也

第十二題

數幾何所爲比例皆等則幷前率與幷後率之比例若各

前率與各後率之比例

解曰甲乙丙丁戊巳數幾何所爲比例皆等者甲與乙若丙與丁丙與丁若戊與巳也題言甲丙戊諸前率幷與乙丁巳諸後率幷之比例若甲與乙丙與丁戊與巳各前各後之比例也

論曰試于各前率之甲丙戊同任倍之爲庚辛壬別于各後率之乙丁巳同任倍之爲癸子丑卽庚辛壬幷之倍甲丙戊幷若庚之倍甲也癸子丑幷之倍乙丁巳幷若癸之倍乙

也（本篇一）夫一甲與二乙既若三丙與四丁又若三戊與四巳則庚之倍一甲與癸之倍二乙或等或大或小偕辛壬之倍三丙戊與子丑之倍四丁巳等大小同類也又各前所倍庚辛壬并與各後所倍癸子丑并其或等或大或小亦偕各前所自倍與各後所自倍其等大小必同類也（本卷界說六）則一甲與二乙之比例若三甲丙戊并與四乙丁巳并矣

第十三題

數幾何第一與二之比例若第三與四之比例而第三與四之比例大于第五與六之比例則第一與二之比例

亦大于第五與六之比例

解曰。一甲與二乙之比例。若三丙與四丁。而三丙與四丁之比例。大于五戊與六己。題言甲與乙之比例亦大于戊與己

論曰。試以甲、丙、戊各前率。同任倍之爲庚、辛、壬。別以乙、丁、己各後率。同任倍之爲癸、子、丑。其甲與乙。既若丙與丁。即三試之。若倍甲之庚大于倍乙之癸。即倍丙之辛。必大于倍丁之子矣。若庚、癸等。即辛、子、亦等。若庚小于癸。即辛亦小于子矣本卷界說六次丙與丁。既大于

一戊與巳。又三試之。即倍丙之辛。大于倍丁之子。而倍戊之壬。不必大于倍巳之丑也。或等、或小矣本卷界說八夫庚癸與辛子。等、大、小、同類。則壬丑、不類于辛子者。亦不類于庚癸也。故甲與乙之比例。亦大于戊與巳本卷界說八

注曰。若三丙與四丁之比例。或小、或等、于五戊六巳。則一甲與二乙之比例。亦小、亦等、于五戊六巳。依此論推顯、

第十四題

四幾何。第一與二之比例。若第三與四之比例。而第一幾何大于第三。則第二幾何亦大于第四。第一或等、或小、

于第三則第二亦等亦小于第四

解曰甲與乙之比例若丙與丁題言甲大于丙則乙亦大于丁若等亦等若小亦小

甲 乙 丙 丁

先論曰如甲大于丙卽甲與乙之比例大于丙與乙矣本篇八夫一丙與二丁之比例旣若三甲與四乙而三甲與四乙之比例大于五丙與六乙卽一丙與二丁之比例亦大于五丙與六乙本篇十三是丁幾何小于乙也本篇十二

甲 乙 丙 丁

次論曰如甲丙等卽甲與乙之比例若丙與乙本篇七夫甲與乙之比例元若丙與丁而又

若丙與乙。是丙與丁之比例。亦若丙與乙也。本篇十一 則乙與丁等也。本篇九

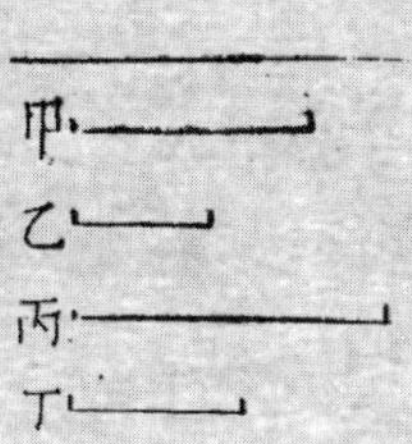

後論曰。如甲小于丙。即丙與乙之比例。大于甲與乙矣。本篇八 夫一丙與二丁之比例。既若三甲與四乙。而三甲與四乙之比例。小于五丙與六乙。即一丙與二丁之比例。亦小于五丙與六乙也。本篇十三 是乙小于丁也。本篇十

第十五題

兩分之比例。與兩多分幷之比例等。

解曰。甲與乙。同任倍之。爲丙丁。爲戊己。題言丙丁與戊

巳之比例若甲與乙

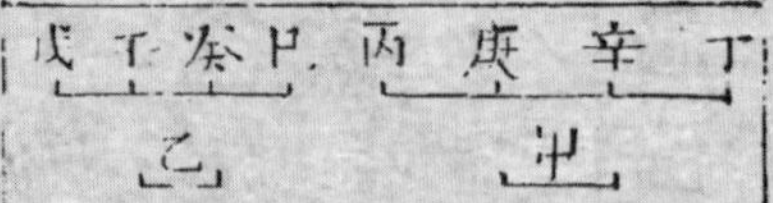

論曰丙丁之倍甲旣若戊巳之倍乙卽丙丁內有甲若干與戊巳內有乙若干等次分丙丁爲丙庚庚辛辛丁各與甲分等分戊巳爲戊壬壬癸癸巳各與乙分等卽丙庚與戊壬若甲與乙也丙庚與甲等戊壬與乙等故見本篇七庚辛與壬癸辛丁與癸巳皆若甲與乙也本篇十一則等甲之丙庚與等乙之戊壬定若丙丁全與戊巳全而丙丁全與戊巳全若甲與乙矣本篇十二

第十六題更理

四幾何爲兩比例等卽更推前與前後與後爲比例亦等

解曰：甲、乙、丙、丁四幾何，甲與乙之比例若丙與丁。題言更推之，甲與丙之比例亦若乙與丁。

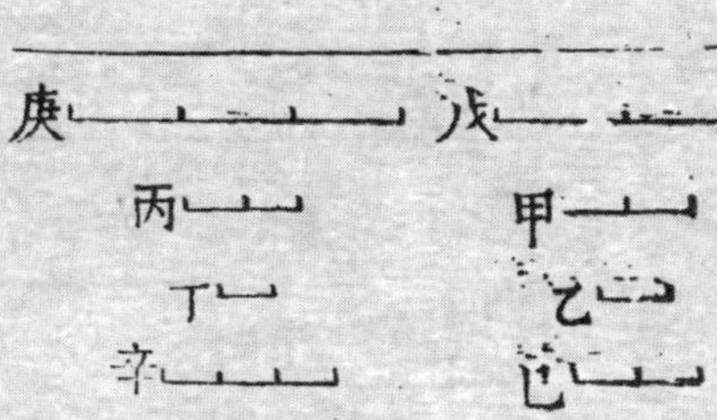

論曰：試以甲與乙同任倍之，爲戊、爲己，別以丙與丁同任倍之，爲庚、爲辛，卽戊與己若甲與乙也（本篇十五）。庚與辛若丙與丁也。夫甲與乙若丙與丁，而戊與己亦若甲與乙，卽戊與己亦若丙與丁矣。依顯庚與辛若丙與丁，卽戊與己亦若庚與辛也（本篇十一）。次三試之，若戊大于庚，則己亦大于辛也；若等，亦等；若小，亦小。任作幾許倍，恒如是也（本篇十四）。則倍一甲之

戊倍三乙之巳與倍二丙之庚倍四丁之辛其等大小必同類也而甲與丙若乙與丁矣

第十七題 分理

相合之兩幾何爲比例等則分之爲比例亦等

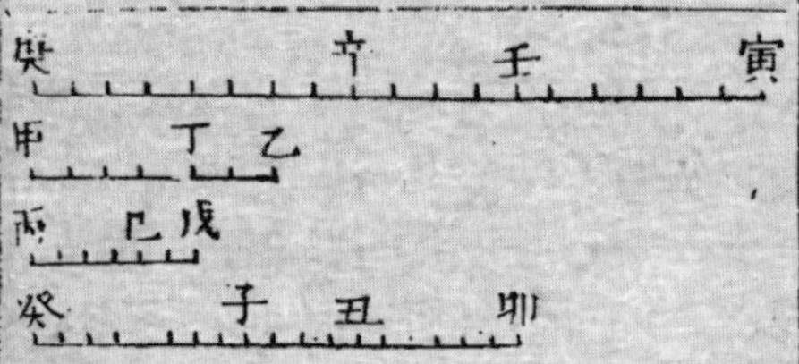

解曰相合之兩幾何其一爲甲乙丁乙其一爲丙戊巳戊比例等者甲乙與丁乙若丙戊與巳戊也題言分之爲比例亦等者甲丁與丁乙若丙巳與巳戊也

論曰試以甲丁丁乙丙巳巳戊同任倍之爲庚辛辛壬爲癸子子丑即庚壬之倍甲乙若

庚辛之倍甲丁也。亦若癸子之倍丙巳也（本篇一）夫癸子之倍丙巳。亦若癸丑之倍丙戊。即庚壬之倍甲乙。亦若癸丑之倍丙戊也。次別以丁乙、巳戊。同任倍之。為壬寅、為丑卯。其一辛壬之倍二丁乙。既若三子丑之倍四巳戊。而五壬寅之倍二丁乙。亦若六丑卯之倍四巳戊。即辛寅之倍丁乙。亦若子卯之倍巳戊也（本篇二）夫一甲乙與二丁乙之比例。既若三丙戊與四巳戊。而一與三。二與四。各所倍等。即三試之。若一甲乙所倍之庚壬。大于二丁乙所倍之辛寅。即三丙戊所倍之癸丑。亦大于四巳戊所倍之子卯也。若等、亦等。若小、亦小也（本卷界說六）如

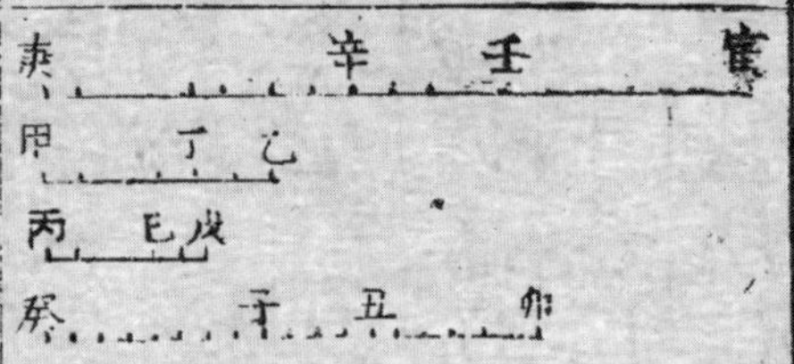

庚壬小于辛寅而癸丑小于子卯者即毋減一同用之辛壬子丑其所存庚辛亦小于壬寅而癸子亦小于丑卯矣依顯庚壬等辛寅而癸丑等子卯者即庚辛等壬寅而癸子等丑卯矣庚壬大于辛寅而癸丑大于子卯者即庚辛大于壬寅而癸子大于丑卯矣夫庚辛爲甲丁之倍癸子爲丙巳之倍壬寅爲丁乙之倍丑卯爲巳戊之倍而甲丁丙巳之所倍視丁乙巳戊之所倍其等大小皆同類則甲丁與丁乙若丙巳與巳戊也

本卷界說六

第十八題　合理

兩幾何分之為比例等則合之為比例亦等

解曰甲丁丁乙與丙巳巳戊兩分幾何其比例等者甲丁與丁乙若丙巳與巳戊也題言合之為比例亦等者甲乙與丁乙若丙戊與巳戊也

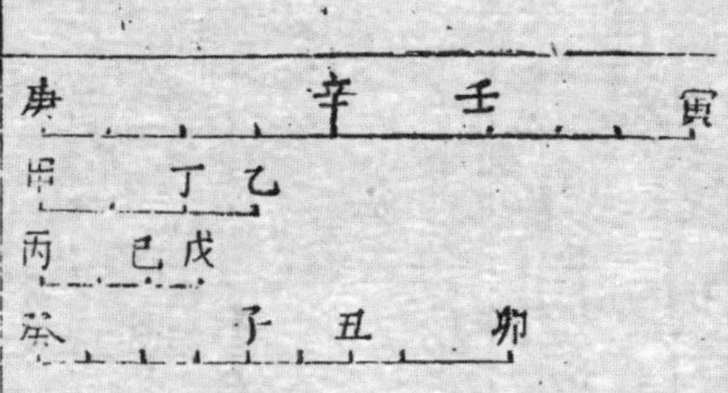

論曰如前論以甲丁丁乙丙巳巳戊同任倍之為庚辛辛壬為癸子子丑（本篇二）次別以丁乙巳戊同任倍之為壬寅為丑卯即庚壬之倍甲乙若癸丑之倍丙戊也（本篇一）而辛寅之倍丁乙若子卯之倍

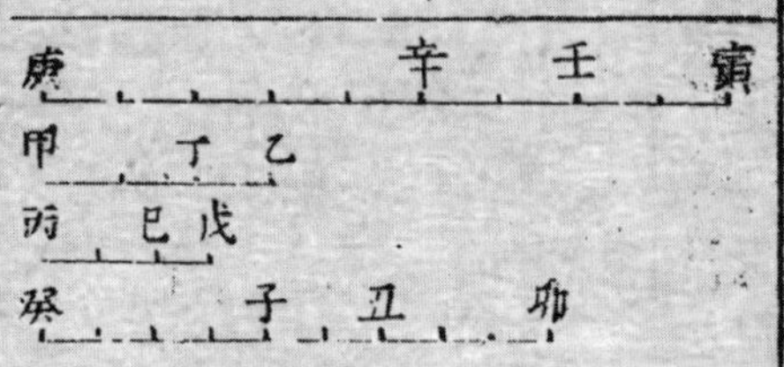

巳戊也本篇二夫一甲丁與二丁乙既若三丙巳與四巳戊而一與三二與四各所倍等即三試之若一甲丁所倍之庚辛小于二丁乙所倍之壬寅即三丙巳所倍之癸子亦小于四巳戊所倍之丑卯也若等亦等若大亦大也本卷界說六如庚辛小于壬寅而癸子亦小于丑卯即每加一辛壬子丑其所并庚壬亦小于辛寅而癸丑亦小于子卯矣依顯庚辛等壬寅而癸子等丑卯即庚壬等辛寅而癸丑等子卯矣庚辛大于壬寅而癸子大于丑卯即庚壬大于辛寅而癸丑大于子卯矣夫

一甲乙所倍之庚壬與二丁乙所倍之辛寅皆三丙戊所倍之癸丑與四巳戊所倍之子卯其等大小皆同類則甲乙與丁乙若丙戊與巳戊也本卷界說六

第十九題其系爲轉理

兩幾何各截取一分其所截取之比例與兩全之比例等則分餘之比例與兩全之比例亦等

解曰甲乙丙丁兩幾何其甲乙全與丙丁全之比例若截取之甲戊與丙巳題言分餘戊乙與巳丁之比例亦若甲乙與丙丁

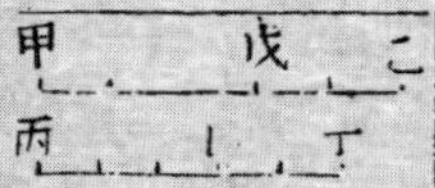

論曰甲乙與丙丁既若甲戊與丙巳試更之甲乙與甲

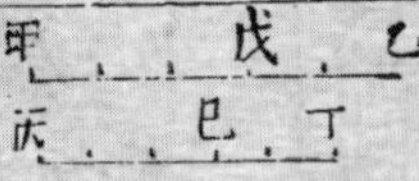

戊若丙丁與丙巳也本篇十六次分之戊乙與甲戊若巳丁與丙巳也本篇十七又更之戊乙與巳丁若甲戊與丙巳也本篇十六夫甲戊與丙巳元若甲乙與丙丁則戊乙與巳丁亦若甲乙與丙丁矣

一系從此題可推界說第十六之轉理如上甲乙與戊乙若丙丁與巳丁即轉推甲乙與甲戊若丙丁與丙巳也何者甲乙與戊乙既若丙丁與巳丁試更之甲乙與丙丁若截取之戊乙與巳丁也本篇十六即甲乙全與丙丁全又若分餘之甲戊與丙巳矣本題又更之則甲乙與甲戊若丙丁與丙巳也本篇十六此轉理也

注曰：凡更理可施于同類之比例，不可施于異類。若轉理不論同異類，皆可用也。依此系，即轉理亦賴更理爲用，似亦不可施于異類矣。今別作一論，不賴更理，以爲轉理，明轉理可施于異類也。

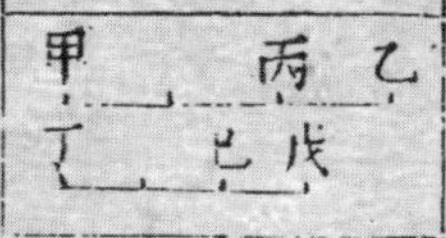

論曰：甲乙與丙乙，若丁戊與巳戊，即轉推甲乙與甲丙，若丁戊與丁巳。何者？甲乙與丙乙既若丁戊與巳戊，試分之，甲丙與丙乙若丁巳與巳戊也（本篇十七）。次反之，丙乙與甲丙若巳戊與丁巳也（本篇四）。次合之，甲乙與甲丙若丁戊與丁巳也（本篇十八）。

第二十題 三支

有三幾何，又有三幾何，相爲連比例，而第一幾何大于第三，則第四亦大于第六；第一或等或小于第三，則第四亦等亦小于第六。

先解曰：甲、乙、丙三幾何，丁、戊、己三幾何，其甲與乙之比例，若丁與戊；乙與丙之比例，若戊與己；而甲大于丙。題言丁亦大于己。

論曰：甲既大于丙，卽甲與乙之比例，大于丙與乙矣（本篇八）。而甲與乙之比例，若丁與戊，卽丁與戊之比例，亦大于丙與乙矣（本篇十三）。又丙與乙之比例，若己與戊（乙與丙若戊與己，反之，則丙與乙若己與戊），卽丁與戊之比例，大于己與

戊矣。是丁大于巳也本篇十

次解曰。若甲、丙、等。題言丁、巳、亦等

論曰。甲、丙、既等。卽甲與乙之比例、若丙與乙矣本篇七而甲與乙之比例、若丁與戊、卽丁與戊之比例、亦若丙與乙矣本篇十一又丙與乙之比例、若巳與戊反理卽丁與戊之比例、亦若巳與戊矣。是丁巳等也本篇九

後解曰。若甲小于丙。題言丁亦小于巳

論曰。甲既小于丙。卽甲與乙之比例、小于丙與乙矣本篇八而甲與乙之比例、若丁與戊、卽

丁與戊之比例亦小于丙與乙矣又丙與乙之比例若巳與戊反理即丁與戊之比例小于巳與戊矣是丁小于巳也本篇十

第二十一題 二十八

有三幾何又有三幾何相爲連比例而錯以平理推之若第一幾何大于第三則第四亦大于第六若第一或等或小于第三則第四亦等亦小于第六

解曰甲乙丙三幾何丁戊巳三幾何相爲連比例不序不序者甲與乙若戊與巳乙與丙若丁與戊也以平理推之若甲大于丙題言

丁亦大于己

論曰。甲既大于丙。即甲與乙之比例。大于丙與乙本篇八而甲與乙。若戊與己。即戊與己之比例。亦大于丙與乙也。又乙與丙。既若丁與戊。反之。即丙與乙。亦若戊與丁也本篇四則戊與己。大于戊與丁也。是丁大于己也本篇廿

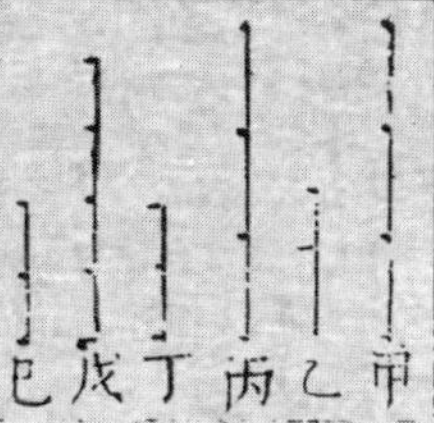

次解曰。若甲、丙等。題言丁、己亦等

論曰。甲丙既等。即甲與乙之比例。若丙與乙本篇七而甲與乙。若戊與己。即丙與乙之比例。亦若戊與己也。又乙與丙。既若丁與戊。反之。即丙與乙。亦若戊與丁也本篇四則戊與己。若戊與丁也。是丁、己等

也本篇九

後解曰若甲小于丙題言丁亦小于巳

論曰甲既小于丙即甲與乙之比例小于丙與乙本篇八而甲與乙若戊與巳即戊與巳之比例小于丙與乙也又乙與丙既若丁與戊反之即丙與乙若戊與丁本篇四則戊與巳小于戊與丁也是丁小于巳也本篇十

第二十二題平理之序

有若干幾何又有若干幾何其數等相為連比例則以平理推

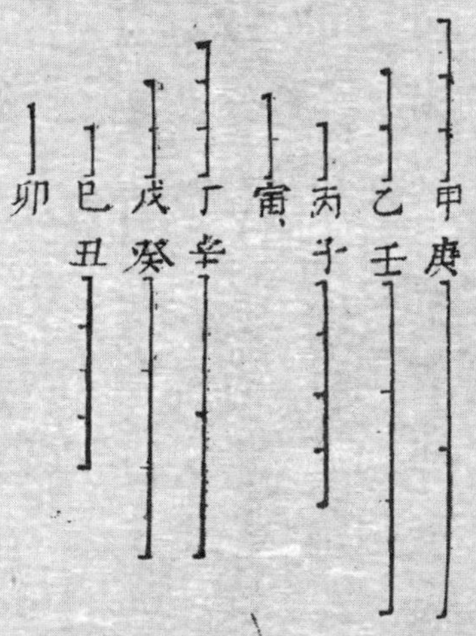

解曰有若干幾何甲乙丙又有若干幾何丁戊己而甲與乙之比例若丁與戊乙與丙之比例若戊與己題言以平理推之甲與丙之比例若丁與己

論曰試以甲與丁同任倍之爲庚爲辛別以乙與戊同任倍之爲壬爲癸別以丙與己同任倍之爲子爲丑其一甲與二乙既若三丁與四戊即倍甲之庚與倍乙之壬若倍丁之辛與倍戊之癸也本篇四依顯一乙與二丙既若三戊與四己即倍乙之壬與倍丙之子若倍戊之

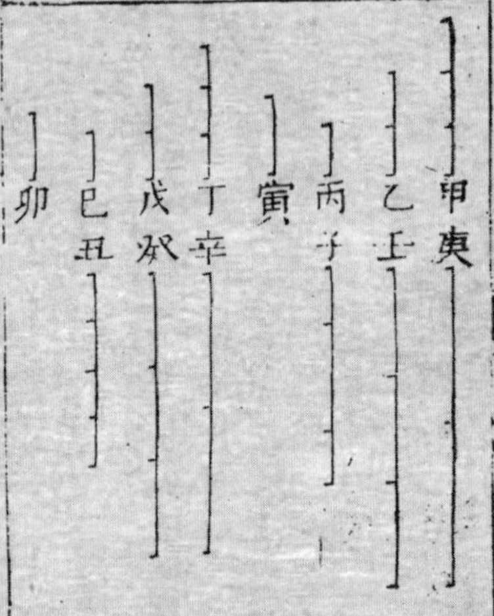

癸與倍巳之丑也是庚壬子三幾何辛癸丑三幾何又相爲連比例矣次三試之若庚大于子即辛必大于丑也（本篇二十）若等亦等若小亦小也則倍一甲之庚倍三丁之辛與倍二丙之子倍四巳之丑等大小皆同類也是甲與丙若丁與巳也（本卷界說六）其幾何自三以上如更有丙與寅若巳與卯亦依顯甲與寅若丁與卯也何者上既顯甲與丙若丁與巳而今稱丙與寅若巳與卯即以甲丙寅作三幾何以丁巳卯作又三幾何相爲

連比例。依上推論。亦得甲與寅之比例。若丁與卯也。自四以上。可至無窮。依此推顯

第二十三題 平理之錯

若干幾何。又若干幾何。相為連比例而錯。亦以平理推

解曰。甲、乙、丙若干幾何。丁、戊、己、若干幾何。相為連比例而錯者。甲與乙。若戊與己。乙與丙。若丁與戊也。題言以平理推之。甲與丙之比例。亦若丁與己

論曰。試以甲、乙、丁。同任倍之。為庚、辛、壬。別以丙、戊、己。同

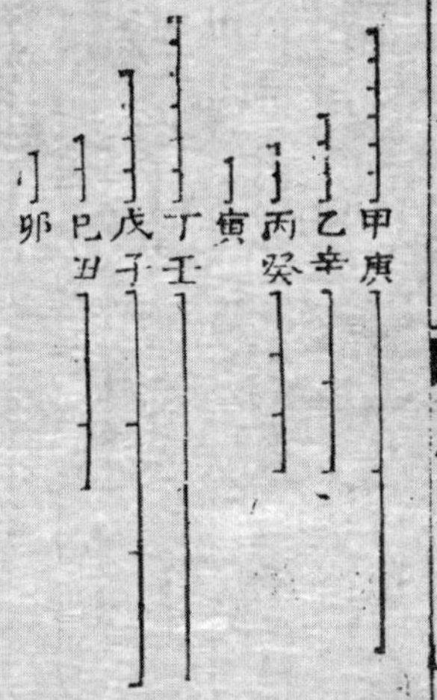

任倍之爲癸子丑即甲與乙若所自倍之庚與辛本篇十五而甲與乙既若戊與巳即庚與辛亦若戊與巳本篇十一戊與巳又若所自倍之子與丑即庚與辛亦若子與丑本篇十一依顯一乙與二丙既若三丁與四戊即倍一乙之辛與倍二丙之癸若倍三丁之壬與倍四戊之子也本篇四是庚辛癸三幾何壬子丑三幾何又相爲連比例而錯矣次三試之若庚大于癸即壬亦大于丑若等亦等若小亦小本篇廿一則一甲三丁所倍之庚壬與二丙四巳所倍之癸丑等大

小皆同類也。是一甲與二丙，若三丁與四巳。本卷界說六如
三以上，既有甲與乙，若巳與卯，乙與丙，若戊與巳，又有
丙與寅，若丁與戊，亦顯甲與寅，若丁與卯。何者？依上論
先顯甲與丙，若戊與卯，次丙與寅，又若丁與戊，即以甲、
丙、寅作三幾何，丁、戊、卯作又三幾何，相爲連比例而錯，
依上論，亦得甲與寅，若丁與卯。四以上悉依此推顯。

第二十四題

凡第一與二幾何之比例，若第三與四幾何之比例，而第
五與二之比例，若第六與四，則第一第五幷與二之比
例，若第三第六幷與四。

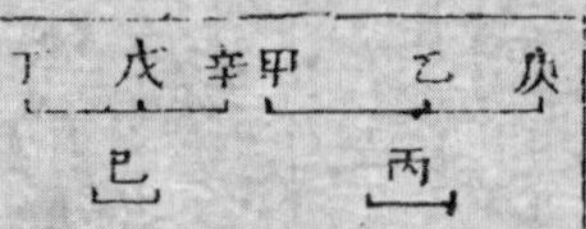

解曰。一甲乙與二丙之比例。若三丁戊與四巳。而五乙庚與二丙。若六戊辛與四巳。題言一甲乙。五乙庚。幷。與二丙。若三丁戊。六戊辛。幷。與四巳

論曰。乙庚與丙。既若戊辛與巳。反之。丙與乙庚。若巳與戊辛也。本篇四又甲乙與丙。既若丁戊與巳。而丙與乙庚亦若巳與戊辛。平之。甲乙與乙庚。若丁戊與戊辛也。本篇廿二又合之。甲庚全與乙庚。若丁辛全與戊辛也。本篇十八夫甲庚與乙庚。既若丁辛與戊辛。而乙庚與丙。亦若戊辛與巳。平之。甲庚與丙。若丁辛與巳矣。本篇廿二

注曰。依本題論。可推廣第六題之義。作後增題。第六題言

幾倍後增題不止言倍其義稍廣矣

增題此兩幾何與彼兩幾何比例等于此兩幾何毎截取一分其截取兩幾何與彼兩幾何比例等則分餘兩幾何與彼兩幾何比例亦等

解曰如上圖甲庚丁辛此兩幾何與丙巳彼兩幾何比例等者甲庚與丙若丁辛與巳也題言截取之甲乙與丙若丁戊與巳則分餘之乙庚與丙亦若戊辛與巳

論曰甲乙與丙既若丁戊與巳即反之丙與甲乙若巳與丁戊也本篇四又甲庚與丙既若丁辛與巳而丙

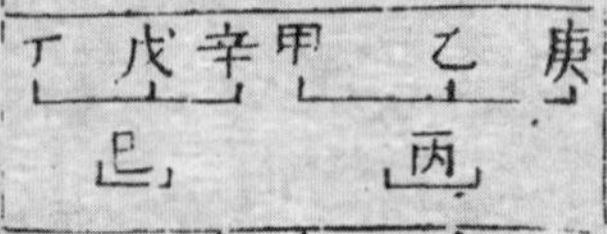

與甲乙亦若巳與丁戊即平之甲庚與甲乙若丁辛與丁戊也（本篇廿二）又分之乙庚與甲乙若戊辛與丁戊也（本篇十七）夫乙庚與甲乙既若戊辛與丁戊而甲乙與丙若丁戊與巳即平之乙庚與丙若戊辛與巳也（本篇廿三）

第二十五題

四幾何為斷比例則最大與最小兩幾何并大于餘兩幾何并

解曰甲乙與丙丁之比例若戊與巳甲乙最大巳最小題言甲乙巳并大于丙丁戊并

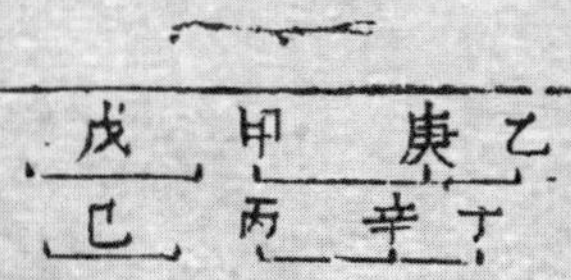

論曰試于甲乙截取甲庚與戊等于丙丁截取丙辛與巳等即甲庚與丙辛之比例若戊與巳也亦若甲乙與丙丁也夫甲乙全與丙丁全既若截取之甲庚與丙辛即亦若分餘之庚乙與辛丁也（本篇十九）而甲乙最大必大于丙丁即庚乙亦大于辛丁矣又甲庚與戊丙辛與巳既等即于戊加丙辛于巳加甲庚必等而又加不等之庚乙辛丁則甲乙巳并豈不大于丙丁戊并

第二十六題

第一與二幾何之比例大于第三與四之比例反之則第

二與一之比例小于第四與三之比例

解曰一甲與二乙之比例大于三丙與四丁題

言反之二乙與一甲之比例小于四丁與三丙

論曰試作戊與乙之比例若丙與丁即甲與乙

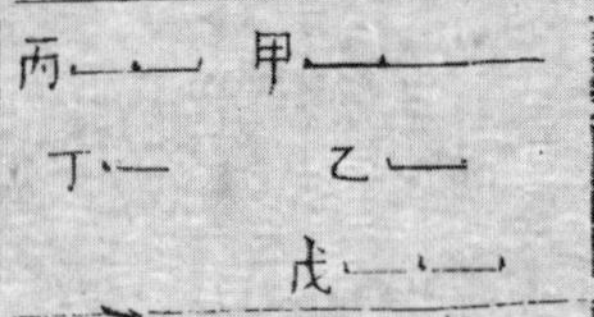

之比例大于戊與乙而甲幾何大于戊本篇十則

乙與戊之比例大于乙與甲也本篇八反之則乙與戊之

比例若丁與丙本篇四而乙與甲之比例小于丁與丙

第二十七題

第一與二之比例大于第三與四之比例更之則第一與

三之比例亦大于第二與四之比例

解曰。一甲與二乙之比例。大于三丙與四丁。題言更之。則一甲與三丙之比例。亦大于二乙與四丁。

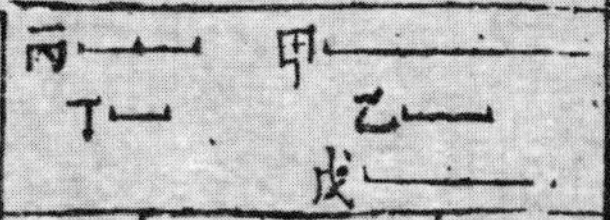

論曰。試作戊與乙之比例。若丙與丁。即甲與乙之比例。大于戊與乙。而甲幾何大于戊。本篇十 則甲與丙之比例大于戊與丙也。本篇八 夫戊與乙之比例。既若丙與丁。更之。則戊與丙之比例。亦若乙與丁。本篇十六 而甲與丙之比例。大于乙與丁矣。

第二十八題

第一與二之比例。大于第三與四之比例。合之則第一、第二幷與二之比例。亦大于第三、第四幷與四之比例。

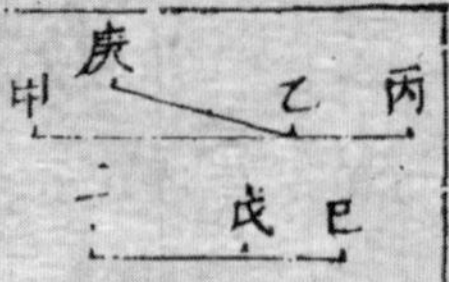

解曰一甲乙與二乙丙之比例大于三丁戊與四戊巳題言合之則甲丙與乙丙之比例亦大于丁巳與戊巳

論曰試作庚乙與乙丙之比例若丁戊與戊巳卽甲乙與乙丙之比例大于庚乙與乙丙而甲乙幾何大于庚乙矣（本篇十）此二率者每加一乙丙卽甲丙亦大于庚丙而甲丙與乙丙之比例大于庚丙與乙丙也（本篇八）夫庚乙與乙丙之比例既若丁戊與戊巳合之則庚丙與乙丙之比例亦若丁巳與戊巳也（本篇十八）而甲丙與乙丙之比例大于丁巳與戊巳矣

第二十九題

第一合第二與二之比例。大于第三合第四與四之比例。分之。則第一與二之比例。亦大于第三與四之比例

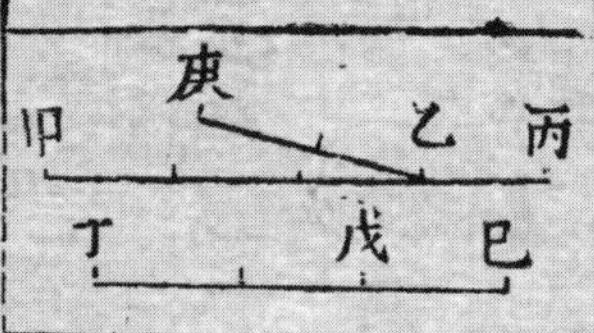

解曰。甲丙與乙丙之比例。大于丁巳與戊巳。題言分之。則甲乙與乙丙之比例。亦大于丁戊與戊巳

論曰。試作庚丙與乙丙之比例。若丁巳與戊巳。即甲丙與乙丙之比例。亦大于庚丙與乙丙。而甲丙幾何大于庚丙矣。本篇十 此二率者。每藏二同用之乙丙。即甲乙亦大于庚乙。而甲乙與乙丙之比例。大于庚乙與

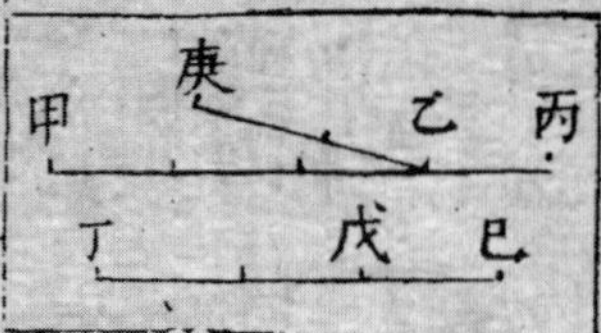

乙丙也（本篇八）夫庚丙與乙丙之比例旣若丁巳與戊巳。分之。則庚乙與乙丙之比例。亦若丁戊與戊巳也（本篇十七）而甲乙與乙丙之比例大于丁戊與戊巳矣

第三十題

第一合第二與二之比例。大于第三合第四與四之比例。轉之。則第一合第二與一之比例。小于第三合第四與三之比例

解曰甲丙與乙丙之比例。大于丁巳與戊巳。題言轉之。則甲丙與甲　之比例。小于丁巳與丁戊

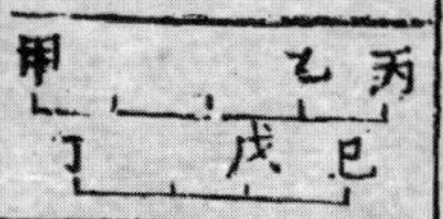

論曰。甲丙與乙丙之比例。既大于丁巳與戊巳。分之。即甲乙與乙丙之比例。亦大于丁戊與戊巳也（本篇廿九）。又反之。乙丙與甲乙之比例。小于戊巳與丁戊矣（本篇廿六）。又合之。甲丙與甲乙之比例。亦小于丁巳與丁戊也（本篇廿八）。

第三十一題

此三幾何。彼三幾何。此第一與二之比例。大于彼第一與二之比例。此第二與三之比例。大于彼第二與三之比例。如是序者。以平理推。則此第一與三之比例。亦大于彼第一與三之比例解曰。甲、乙、丙。此三幾何。丁、戊、巳。彼三幾何。而甲與乙之比例。大于丁與戊。乙與丙之比例。大于戊與巳。如是序者題言以平理推。則甲與丙之比例亦大于丁與巳

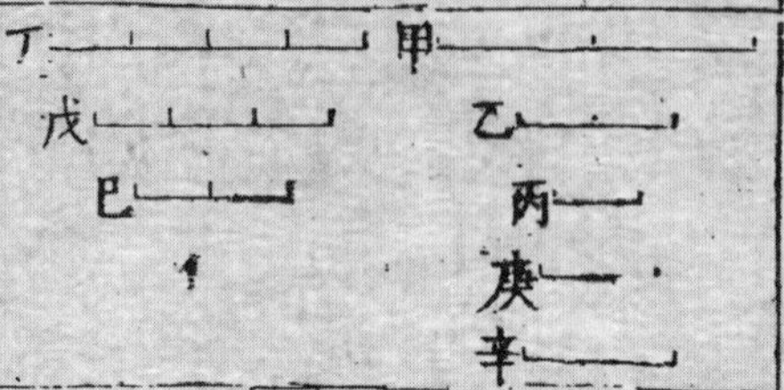

論曰。試作庚與丙之比例。若戊與巳。即乙與丙之比例。大于庚與丙。而乙幾何大于庚（本篇）是甲與小庚之比例。大于甲與大乙矣（本篇八）夫甲與乙之比例。元大于丁與戊。即甲與庚之比例更大于丁與戊也。次作辛與庚之比例。若丁與戊。即甲與庚之比例。亦大于辛與庚。而甲幾何大于辛（本篇十）是大甲與丙

之比例大于小辛與丙矣（本篇八）夫辛與丙之比例以平理推之若丁與巳也（本篇廿二）則甲與丙之比例大于丁與巳也

第三十二題

此三幾何彼三幾何此第一與二之比例大于彼第二與三之比例此第二與三之比例大于彼第一與二之比例如是錯者以平理推則此第一與三之比例亦大于彼第一與三之比例

解曰甲、乙、丙此三幾何丁、戊、巳彼三幾何而甲與乙之比例大于戊與巳乙與丙之比例大于丁與戊如是錯

卷五

者。題言以平理推。則甲與丙之比例。亦大

于丁與巳

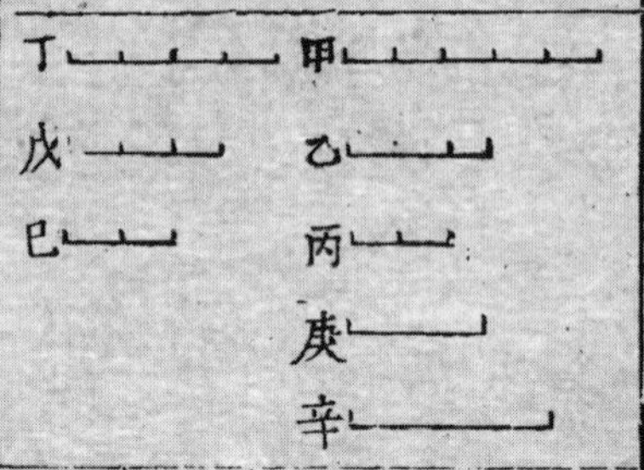

論曰。試作庚與丙之比例。若丁與戊。即乙

與丙之比例。大于庚與丙。而乙幾何大于

庚（本篇十）是甲與小庚之比例。大于甲與大

乙矣（本篇八）夫甲與乙之比例。既大于戊與巳。即甲與庚

之比例。更大于戊與巳也。次作辛與庚之比例。若戊與

巳。即甲與庚之比例。亦大于辛與庚。而甲幾何大于辛

（本篇十）是大甲與丙之比例。大于小辛與丙矣（本篇八）夫辛

與丙之比例。以平理推之。若丁與巳也（本篇廿三）則甲與丙

之比例。大于丁與巳也

第三十三題

此全與彼全之比例。大于此全截分、與彼全截分之比例

則此全分餘、與彼全分餘之比例。大于此全與彼全之比例

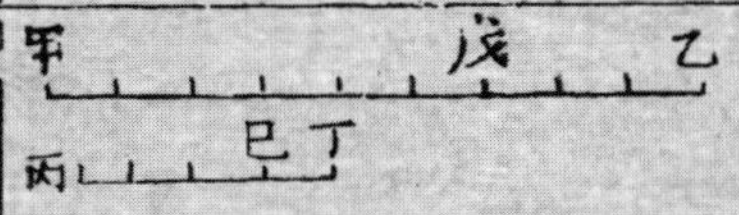

解曰。甲乙全與丙丁全之比例。大于兩截分甲戊與丙巳。題言兩分餘、戊乙與巳丁之比例。大于甲乙與丙丁

論曰。甲乙與丙丁之比例。既大于甲戊與丙巳。更之。即甲乙與甲戊之比例。亦大于丙丁與丙巳也。

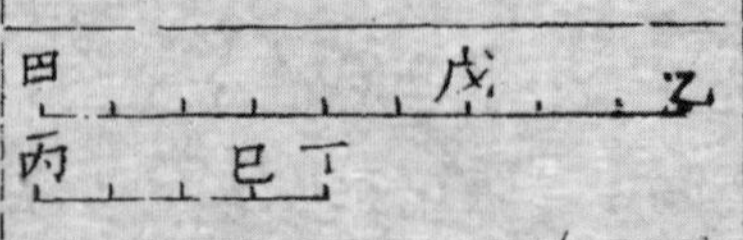

又轉之甲乙與戊乙之比例小于丙丁與巳丁也本篇廿七又更之甲乙與丙丁之比例小于戊乙與巳丁也本篇三十戊乙與巳丁分餘也則分餘之比例大于甲乙全與丙丁全矣依顯兩全之比例小于截分則分餘之比例小于兩全本篇廿七

第三十四題 三支

若干幾何又有若干幾何其數等而此第一與彼第一之比例大于此第二與彼第二之比例此第二與彼第二之比例大于此第三與彼第三之比例以後俱如是則此并與彼并之比例大于此末與彼末之比例亦大于

此并減第一與彼并減第一之比例。而小于此第一與彼第一之比例

解曰。如甲、乙、丙、三幾何。又有丁、戊、巳、三幾何。其甲與丁之比例。大于乙與戊。乙與戊之比例。大于丙與巳。題先言甲乙丙并與丁戊巳并之比例。大于丙與巳。次言亦大于乙丙并與戊巳并。後言小于甲與丁

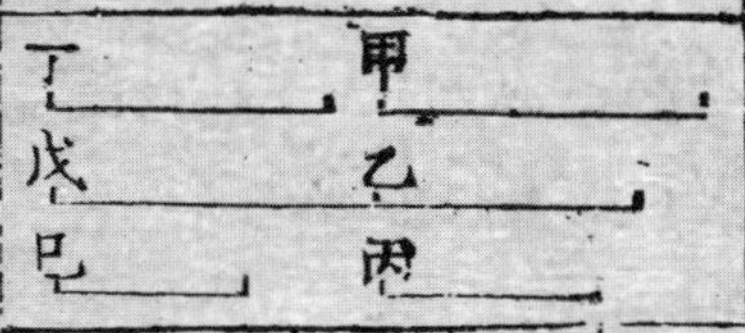

論曰。甲與丁之比例。旣大于乙與戊。更之。卽甲與乙之比例。大于丁與戊也。本篇廿七又合之。甲乙并與乙之比例。大于丁戊并與戊也。本篇廿八又更之。甲乙并與丁戊并之

比例大于乙與戊也（本篇廿七）是甲乙全與丁戊全之比例大于減并乙與減并戊也既爾卽減餘甲與減餘丁之比例大于甲乙全與丁戊全也

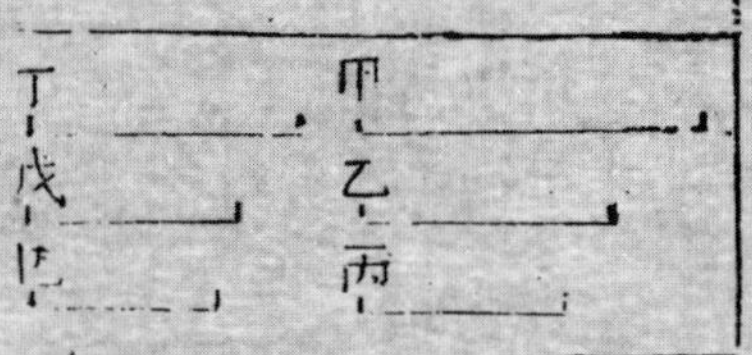

（本篇卅三）依顯乙與戊之比例亦大于乙丙全與戊己全卽甲與丁之比例更大于乙丙全與戊己全也又更之甲與乙丙并之比例大于丁與戊己并也（本篇廿七）又合之甲乙丙全與乙丙并之比例大于丁戊己全與戊己并也（本篇廿八）又更之甲乙丙全與丁戊己全之比例大于乙丙并與戊己并也（本篇廿七）則得次解也又甲乙丙全與丁戊己全之比例既大于減并乙丙與減并

戊巳。即減餘甲與減餘丁之比例。大于甲乙丙全與丁戊巳全也（本篇卅二）則得後解也。又乙與戊之比例。旣大于丙與巳。更之。即乙與丙之比例。大于戊與巳也（本篇廿七）又合之。乙丙全與丙之比例。大于戊巳全與巳也（本篇廿八）又更之。乙丙并與戊巳并之比例。大于丙與巳也（本篇廿七）而甲乙丙并與丁戊巳并之比例。旣大于乙丙并與戊巳并。即更大于末丙與末巳也。則得先解也

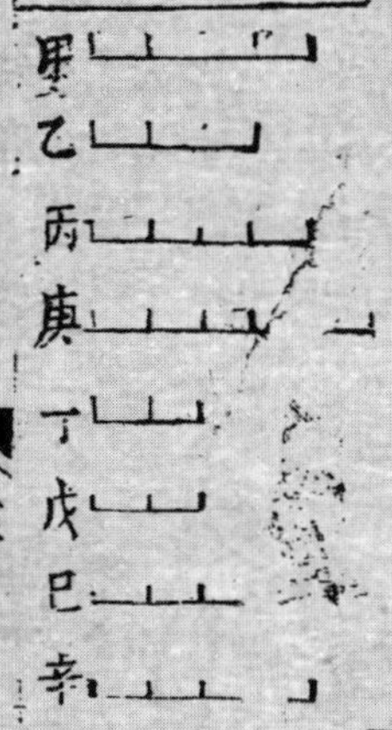

若兩率各有四幾何。而丙與巳之比例。亦大于庚與辛。即與前論同理。葢依上文論乙與戊之比例。大

于乙丙庚并與戊巳辛并。即甲與丁之比例更大于乙丙庚并與戊巳辛并也。更之。即甲與乙丙庚并之比例。大于丁與戊巳辛并也

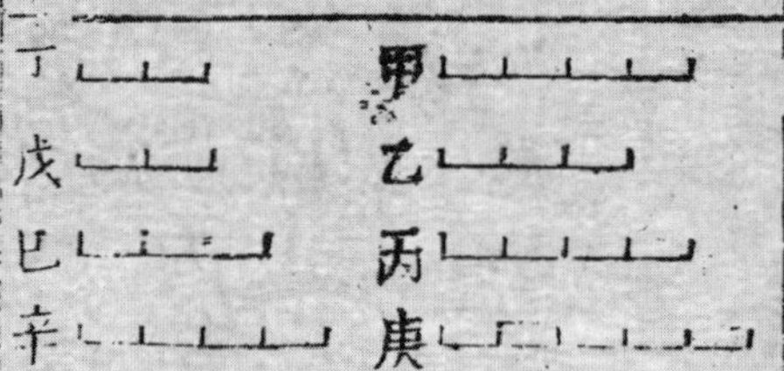

本篇十八又合之。甲乙丙庚全與乙丙庚并之比例。大于丁戊巳辛全與戊巳辛并也。又更之。甲乙丙庚全與丁戊巳辛全之比例。大于乙丙庚并與戊巳辛并也。本篇廿七則得次解也。又甲乙丙庚全與丁戊巳辛全之比例。既大于減并乙丙庚與減并戊巳辛。即減餘甲與減餘丁之比例。大于甲乙丙庚全與丁戊巳辛全也。本篇卅三則得後解也。又依前論顯乙丙

庚并與戊巳辛并之比例既大于庚與辛而甲乙丙庚全與丁戊巳辛全之比例大于乙丙庚并與戊巳辛并即更大于末庚與末辛也則得先解也自五以上至于無窮俱倣此論可顯全題之旨

幾何原本第五卷終